Rohrzeichnungen der preußischen 24-Pfünder für Festungs- und Belagerungsartillerie. Beachte: Maße in preußischen Zoll und Fuß

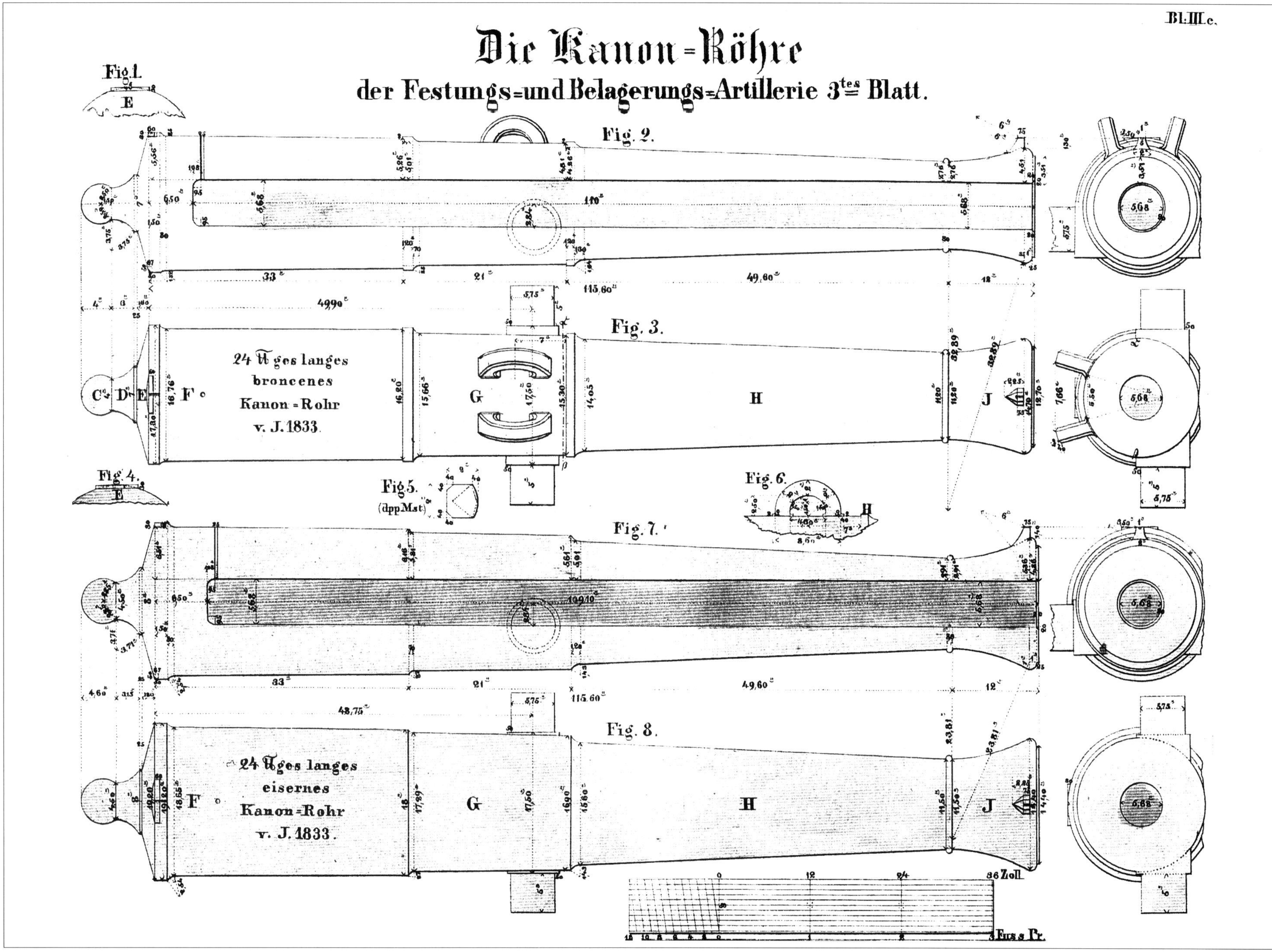

Hans Mehl

Feld-, Festungs- und Belagerungsartillerie
Heeresgeschütze aus 500 Jahren

Band 1: 1450 bis 1920

Mit Unterstützung durch Rudi Roth,
Schweizer Armeemuseum
Pierre Touzin, Fontenay sous Bois

Hans Mehl

Feld-, Festungs- und Belagerungsartillerie
Heeresgeschütze aus 500 Jahren

Band 1: 1450 bis 1920

Seit 1789

Verlag E.S. Mittler & Sohn GmbH
Hamburg · Berlin · Bonn

Titelbild: Sächsische »Halbe Kartaune« vor dem alten Arsenal auf der Festung Königstein.

Foto: Autor

Rücktitel: Österreichische 10-cm-GebH. M8 mit gezogenem Rohr aus Schmiedebronze in der Sammlung des Museo Storico Italiano della Guerra in Rovereto.

Foto: Autor

Innentitel: Deutscher 21-cm-Mörser als Trophäe vor den Victoria Baracks in Melbourne.

Foto: Autor

Bibliografische Information Der Deutschen Bibliothek
Die Deutsche Bibliothek verzeichnet diese Publikation in der Deutschen Nationalbibliografie; detaillierte bibliografische Daten sind im Internet über http://dnb.ddb.de abrufbar.

ISBN 3 8132 0812 5

Layout und Produktion: Bettina Schumacher
Druck und Bindung: B.o.s.s Druck und Medien GmbH, Kleve
Printed in Germany

Inhaltsverzeichnis

Vorwort 7

Einführung 9

I. Schmiedeeiserne und gegossene Vorderlader

Mauerbrecher und Bombarden 13

Frühe Festungs- und Belagerungskanonen 19

Festungs- und Belagerungsmörser 27

Orgelgeschütze und Mehrkanalkanonen 32

Geschütze der Feldartillerie bis ca. 1870 37

Festungsgeschütze bis ca. 1870 57

II. Gezogene Hinterladergeschütze der Feld-, Festungs- und Belagerungsartillerie bis ca. 1900

Gezogene Hinterlader der Feldartillerie 74

Mitrailleusen und Revolverkanonen 92

Gezogene Hinterlader der Festungsartillerie 100

Gezogene Hinterlader der Belagerungsartillerie 109

III. Feldkanonen, Haubitzen und Mörser bis 1920

Infanteriegeschütze und Feldkanonen ... 116
Leichte und schwere Haubitzen ... 142
Minenwerfer und Mörser ... 153
Gebirgsgeschütze ... 161

IV. Ballon- und Flugabwehrkanonen

Anhang

Abkürzungen ... 173
Historische und fremdländische Maß- und Gewichtseinheiten ... 173
Quellenverzeichnis ... 175

Vorwort

Die Artillerie, die ars tollendi, Kunst des Werfens, ist mit ihren Vorläufern der mechanischen Artillerie, den Torsions-, Hebel- und Gegengewichts-Wurfmaschinen, fast ein Jahrtausend älter als die vergleichsweise moderne Form der Pulverartillerie. Aber selbst deren Anfänge verlieren sich im Dunkel der Geschichte. Fest steht heute nur, dass das Treibmittel Pulver in China bereits lange vor den Geschützen bekannt war, aber nur für Feuerwerk eingesetzt wurde. Auf den Schlachtfeldern hatte seit den Anfängen der Geschichte allein die menschliche Muskelkraft die Waffen betätigt, von der Hiebwaffe des Nahkampfs bis zur vorgespannten Fernwaffe des Bogens oder der Wurfmaschine. Dies alles änderte sich entscheidend, als fast über Nacht diese Antriebskraft der Muskeln durch die viel kräftigere der Gase eines entzündeten Gemenges von Salpeter, Holzkohle und Schwefel abgelöst wurde, die aus einer Metallröhre ein Geschoss feindwärts schleuderten. Wer auf diese Idee gekommen war, ist heute unbekannt. Aber man darf sicher den dessen oft bezichtigten Freiburger Mönch Berthold Schwarz von der Schuld daran freisprechen. Das Schwarzpulver ist nicht nach ihm benannt, sondern nach dessen von der Kohle rührenden Farbe. Das erste bekannte Bild einer Feuerwaffe erschien in einer Handschrift des Sir Walter Millimete von 1326 und zeigt ein vasenförmiges Feuerrohr, aus dem ein Geschoss ähnlich einem Armbrustbolzen ragt. Der Einsatz solcher Waffen wurde bereits u.a. um 1324 vor Metz und 1331 vor Cividale erwähnt. Ob es sich dabei um die kleineren Handwaffen oder die größeren Geschütze handelte, bleibt allerdings unklar. Waren die ersten Geschütze anfangs noch nach Art eines Fasses aus schmiedeeisernen Längsstäben, miteinander feuerverschweißt und durch eiserne Reifen zusammengehalten als Stabringkanonen, zusammengesetzt worden, so verdrängte schon Ende des 14. Jh. der Bronzeguss das Schmiedeeisen und blieb jahrhundertelang das Geschützmetall. Die ersten Rohre lagen als Belagerungswaffen, Steinbüchsen mit bis zu 70 cm Kaliber noch einfach auf dem Boden vor rückstoßhemmenden Balken oder steingefüllten Kisten, während der Verteidiger seine kleinkalibrigen Tarrasbüchsen bereits in Bocklafetten einlegte. Räder machten die Karrenbüchsen beweglich, Richthörner ließen die Burgunderlafetten auch ohne Keile die erforderliche Höhenrichtung einnehmen, wobei dies später Schildzapfen noch erleichterten. Das Gleiche bewirkten bei den kleineren Kalibern die Gabeln der Drehbassen für die Seitenrichtung. Deren Rohre lud man auch entgegen dem bisherigen Trend nicht mehr von vorn, sondern bereits mittels eiserner Patronen-Vorläufer, die die Schusseinheit Pulver und Geschoss in sich vereinten, ungeachtet aller Liderungs-, Abdichtungsprobleme von hinten. Die französische Bezeichnung veuglaire verbrämt taktvoll den urdeutschen symbolträchtigen Namen. Aber die Artillerie musste noch einige Jahrhunderte auf Material und Konstruktion einer gasdichten Liderung warten und blieb erst einmal beim Vorderlader.

Einen Wandel vollzog sie aber bald in Form der Spezialisierung auf ihre taktischen Aufträge. Diese führte, abgesehen von den schiffsgestützten Kanonen (samt deren Erbfeind der Küstenartillerie bereits vom Autor in seinem ersten Buch »Schiffs- und Küstenartillerie« behandelt), zu einer Dreiteilung der landgestützten Artillerie in Feld-, Belagerungs- und Festungsgeschütze. Auf dem Schlachtfelde bewirkte die Artillerie in Verbindung mit ihren Geschwistern den Handfeuerwaffen vielleicht die größte und umgreifendste gesellschaftliche Veränderung: Sie fegte die Elite des Rittertums hinweg, die sich unverwundbar dank ihrer Rüstungen bis dahin gegenüber dem Fußvolk hatte behaupten können, ebenso wie die gewaltigen Geschütze der Belagerungsartillerie eines Kaisers Maximilian I. als Mauerbrecher dem Treiben der bisher hinter den dicken Mauern ihrer Burgen unerreichbaren Raubritter ein Ende setzten. Dazu mussten die Geschütze aber erst beweglich werden. Als Sultan Mehmed II. »der Eroberer« 1453 für die Einnahme des christlichen Konstantinopel von dem Ungarn Urban in Adrianopel eine Riesenkanone gießen ließ, die Steine von 12 Zentnern eine Meile weit schleuderte, mühten sich danach 100 Zugochsen und 700 Mann Begleitung bei deren Transport in die Feuerstellung vor Konstantinopel. Später verringerte gelegentlich die Unterteilung in zwei miteinander verschraubte Rohrhälften die Einzellasten. Die kleinkalibrigen Verteidigungswaffen der Befestigungen, anfangs nur fähig zu schwacher Sturmabwehr gegenüber den gewaltigen Belagerungsgeschützen der zahlungskräftigen Angreifer, die allein sich die kostspielige Anheuerung des neuen Berufsstandes der geheimnisumwitterten Stückmeister samt deren Monstern leisten konnten, wuchsen allmählich zu gleichwertigen Gegnern auf, die sich mit den Geschützen der Angreifer duellierten. Während sich die Geschützrohre technisch nur wenig änderten und lange stehend in einer Grube über einem Kern hohl gegossen wurden, Mündung samt verlorenem Kopf nach oben, bis sie voll gegossen und dann ausgebohrt wurden, erfolgte der größte Fortschritt auf dem Gebiet der Munition, des eigentlichen Wirkungsträgers der Artillerie. Vor dem mit einer Schaufel eingebrachten Mehlpulver lag anfangs eine roh behauene Steinkugel, zur Minderung des Kugelwindes der vorbeiblasenden Treibgase, die einen Verlust an Reichweite und Durchschlagskraft bedeuteten, mit Holzkeilen und einer lidernden Stroh- oder Lehmpackung gasdicht verschoppt. Mit der Umwandlung der Kugel vom Haustein zum Eisenguss verbesserte sich die Passung Rohrwandinnen-/Kugelaussendurchmesser sowie die Querschnittsbelastung infolge der vierfachen Wichte von Eisen gegenüber Stein, und die Durchschlagsleistung des härteren Metallgeschosses stieg. Das Pulver entmischte sich nicht mehr beim Transport, weil es mit Wein angefeuchtet, getrocknet und dann gebrochen, geknollt seine Anteile unverändert beibehielt. Die Anzündung des feinen Zündkrauts auf dem Zündloch des Rohres bewirkte nach dem schürhakenartigen Loseisen, das in einem ständig brennden Feuer glühend gehalten werden musste, bald die Lunte, ein langer glimmender Hanfstrick, der in Bleizucker getränkt worden war, und nach ihm übernahm die Artillerie klugerweise von den Handwaffen der Musketiere deren Anzündung mittels Stein-, später Perkussions- und schließlich Schlagbolzenschlössern. Die Geschosse spezialisierten sich: Gegen »Weichziele«, jene moderne Schönrednerei für die Menschen der Infanterie und Pferde der Kavallerie, erhöhten sie als Kartätschen ihre Treffsicherheit mittels vieler kleiner Bleikugeln und gegen die Häuser der Städte ihre Wirkung als Brandgeschosse, eiserne Blech-Karkassen, gefüllt mit Werg und brennbaren Stoffen wie Harz und Pech. Letztere schoss man nicht aus den Flachfeuerwaffen der Kanonen, sondern warf sie im steilen Bogen aus den Steilfeuerwaffen der Mörser, kurzrohrigen Geschützen. Als dann noch 1570 Wolf von Senftenberg vorschlug, eine hohl gegossene Eisenkugel mit Schwarzpulver zu füllen und mit einem Stück Lunte als Zündschnur aus den Belagerungsmörsern zu werfen, war das Sprenggeschoss geboren. Die Kanonen von Feld- und Festungsartillerie beeilten sich, diese Erfindung zu übernehmen, und zweihundert Jahre danach kam in Gibraltar Lieutenant Shrapnel auf die Idee, dazu auch noch Flintenkugeln einzufüllen und das Geschoss so zu tempieren, die Zündschnurlänge zu bemessen, dass es über den Köpfen der Feinde explodierte und die Kugeln herabregnen ließ. So verweilte die Artillerie in einer sich nur langsam verringernden Kalibervielfalt bis nach den Kriegen Napoleons. Dann wollte ein schwedischer Geschützgießer, Baron von Wahrendorf, seinen friedenbedingt daniederliegenden Markt beleben und dazu einen neuartigen Geschütztyp herausbringen. Er entschied sich für ein Kasemattgeschütz, das in engen Räumen eingesetzt und deshalb zweckmäßigerweise von hinten geladen werden sollte. Sein Liderungssystem funktionierte. Als Geschosse wollte er aber immer noch Kugeln verwenden. Doch da ereignete sich eine Sternstunde, weil bei ihm zu dieser Zeit ein sardischer Hauptmann Cavalli zur Abnahme von Geschützen weilte. Der hatte sich mit der Entwicklung drallstabilisierter Langgeschosse befasst, die aus gezogenen Rohren verschossen werden sollten. Beide Erfindungen zusammen ergaben einen Quantensprung der Artillerie: das Zugrohr-Hinterladegeschütz, das Langgeschosse abfeuerte. Preußen führte dieses Feldgeschütz im Jahre 1859 ein, bezeichnete es aber als C/61, Construction eingeführt 1861. Der Rest der Welt folgte allmählich, Frankreich zu spät für den Krieg 1870/71. Von jetzt an sprang die Entwicklung der Artillerie nach ihrem jahrhundertelangen Dornröschenschlaf von einem Fortschritt zum nächsten, zuerst ab etwa 1880 bei der Munition. Moderne kräftigere Nitrosprengstoffe lösten die träge Geschossfüllung Schwarzpulver ab, und das als Treibmittel umgekehrt zu abrupte Schwarzpulver, das zudem Schützen und Ziele in dichte weiße (!) Wolken hüllte, fand ebenfalls in den aus nitrierten organischen Substanzen bestehenden rauchschwachen Pulvern einen überlegenen Nachfolger. Dann kamen die Geschütze an die Reihe. Krupps Gussstahl hatte schon beim C/61 das Eisen der Rohre verdrängt, wie auch das Eisenblech das Holz der Lafetten. Nur der meterlange Geschützrücklauf nach jedem Schuss und das anschließende kräftezehrende Wieder-nach-vorne-Bringen und Nachrichten mussten noch entfallen. Dies geschah dann Ende des 19. Jh. Ein Ingenieur von Krupp namens Haußner erfand den langen Rohrrücklauf, eingeführt wurde er aber in Frankreich mit dem damals modernsten Feldgeschütz seiner Zeit: Der 75-mm-Feldkanone M 1897, die in beiden Weltkriegen in Dienst stand, im Zweiten sogar auf deutscher Seite als eine Behelfs-PaK. Jetzt fehlte nur noch die moderne Spreizlafette, die Italien 1912 einführte und optische Ziel- und Richtmittel, die zusammen mit modernen Uhrwerks-Doppelzündern im Ersten Weltkrieg zur Regel wurden, sowie weitere Geschossentwicklungen, panzerbrechende oder mit hochgiftigen Kampfstoffen gefüllte und das Geschütz von heute war fertig. Seitdem wurden an ihm nur noch Kleinigkeiten verändert wie z.B. die Rohre verlängert und es hinsichtlich Metallurgie und Fertigungstoleranzen verbessert. Heute bewegt es sich auf dem Gefechtsfeld mit eigenem Antrieb, vorzugsweise gepanzert, und hält Funkverbindung zu seinen Zielaufklärern und -Beobachtern aller Art, bis zum Satelliten. Was wird als Nächstes kommen? Flüssige Treibmittel und selbstständig zielsuchende Geschosse wahrscheinlich, elektromagnetisch beschleunigte Geschosse oder Strahlenwaffen vielleicht, ganz sicher aber der zweite Band dieses Buches, der diese Geschichte der frühen Feld-, Belagerungs- und Festungsgeschütze mit deren modernen, zumeist im Ersten Weltkrieg geborenen Spezialausführungen, den halb- und vollautomatischen Kanonen, Panzer- und Flugabwehrgeschützen, den Granat- und Geschosswerfern abschließen wird.

Schon dieser, in immenser Fleißarbeit entstandene erste Band über Geschützklassen und Typen aus rund 500 Jahren, wird sicher eine neue Fundgrube für Historiker, militärtechnisch Interessierte wie auch für Modellbauer und Sammler sein.

Herbert Jäger
Oberstleutnant a.D.
Vizepräsident der Gesellschaft für Artilleriekunde e.V.

Einführung

Obwohl die Artillerie in den verflossenen 500 Jahren den Ausgang von Gefechten, Schlachten und Kriegen zunehmend beeinflusst hat, sind Veröffentlichungen über die Geschichte dieser Waffengattung im Vergleich zur Literatur über die See- und Luftkriegsgeschichte relativ selten. Während bedeutende Verlage im In- und Ausland interessierte Leser fast jedes Jahr mit Neuerscheinungen über Kriegsschiffstypen, Militärflugzeuge und Panzerfahrzeugen beglücken, muss der an der Geschichte der Artillerie Interessierte fast einen 20-jährigen Rhythmus abwarten, um sich an einer neuen Veröffentlichung über diese Waffenart zu erfreuen. Natürlich haben in der Vergangenheit profunde Sachkenner dieses Genres hervorragende und reichhaltig illustrierte Bücher zur Geschichte der Artillerie verfasst, jedoch bleibt dem interessierten Leser heute oft nur die Möglichkeit, solcher Art Standardwerke über Antiquariate zu erwerben, bzw. sie in gut ausgestatteten Bibliotheken auszuleihen.

Mit der dargebotenen Zusammenstellung von Geschützklassen und Typen aus der mehr als 500-jährigen Geschichte der Artillerie soll interessierten Lesern eine Art Nachschlagewerk über die Entwicklung der verschiedenen Geschützarten bereitgestellt werden. Obwohl hier keine vollständige Geschichte der Artillerie geboten wird und die Auswahl der Geschütztypen nur einen repräsentativen Überblick darstellt – allein bei der deutschen Artillerie waren im Ersten Weltkrieg 73 verschiedene Geschütztypen mit Kalibern von 3,7 bis 42 cm eingesetzt –, ermöglicht die chronologische Darstellung von rund 200 Geschütztypen das Nachvollziehen der Entwicklung dieser Waffengattung des Heeres bzw. der Landstreitkräfte.

Der überwiegende Teil der Abbildungen zeigt heute im Original erhaltene Geschütze in Militär- und Artilleriemuseen aus aller Welt. Seltene Stücke aus der frühen Geschichte der Artillerie werden mit Bildmaterial aus Zeughäusern, Landes- und Nationalmuseen gezeigt.

Aufgenommen wurden auch Geschütze, die heute in staatlichen, firmeneigenen und privaten Studiensammlungen zu finden sind. Ergänzt werden die Darstellungen mit Originalgeschützen, mit denen in aller Welt Memorials und militärische Nationalparks ausgestattet sind. Einige zeitgenössische Archivaufnahmen zeigen verschiedene Geschütze in Aktion.

So oder ähnlich könnte der Einsatz einer frühen Bombarde ausgesehen haben. R. Knötel malte den Abschuss der »faulen Grete« bei der Belagerung von Friesack im Jahre 1414 durch Friedrich VI., Burggraf von Nürnberg.

Verbunden mit der chronologischen Darstellung wurden wichtige technische Entwicklungsabschnitte wie beispielsweise der Übergang vom Vorder- zum Hinterlader oder die Einführung von Geschützen mit gebremstem Rohrrücklauf, die bedeutende Zäsuren bei der Weiterentwicklung der Artillerie darstellten. In den Kurzbeschreibungen findet der Leser die wesentlichsten technischen und ballistischen Daten der Geschütze sowie Angaben über Hersteller, Einsatzbeispiele und die heutigen Standorte von Museumsgeschützen. Ereignisse und Geschichtsdaten, die im Zusammenhang mit den dargestellten Geschützen stehen, runden das Bild ab. Analog dem bereits erschienenen Buch über die Schiffs- und Küstenartillerie wurde bei der Bezeichnung der Geschütze die historische bzw. landesübliche (Werks-)Benennung gewählt. Erfahrungsgemäß ermöglichen diese Bezeichnungen dem noch wenig mit der Materie vertrauten Leser ein schnelleres Auffinden von Geschütztypen bei vergleichenden Betrachtungen in der fremdsprachigen Literatur. Im Anhang findet der Leser ausgewählte historische bzw. fremdländische Maßeinheiten, die ggf. eigene Umrechnungen bei weiterführenden Recherchen ermöglichen.

Einige Autoren äußerten wiederholt die Ansicht, dass bei der Entwicklung von Artilleriegeschützen über einen Zeitraum von rund 400 Jahren eine Stagnation vorherrschte. Das mag zwar für das Wirkungsprinzip eines Geschützes zutreffen – Fortschleudern eines Geschosses aus einem Rohr mittels des Gasdrucks einer explodierenden Pulverladung –, nicht aber für das gesamte Umfeld bei der Herstellung und dem Einsatz von Artilleriegeschützen. Schon der Übergang von den geschmiedeten Geschützrohren zu den ab Ende des 15. Jahrhunderts aus Bronze gegossenen Rohren stellte einen bedeutenden Fortschritt dar. Selbst wenn eine bestimmte Modellserie von Geschützrohren äußerlich fast unverändert über 100 Jahre nachgegossen wurde, versuchte man doch unablässig, die Metalllegierungen zu verbessern sowie die Herstellung der Formen, den Gießprozess und die Nachbearbeitung zu optimieren. Ab 1590 begann man in England die ersten Geschützrohre aus Eisen zu gießen, was nicht nur die Herstellung verbilligte, sondern in der Folgezeit auch die Massenherstellung von Geschützrohren positiv beeinflusste. Auch der Übergang vom hohl gegossenen Rohr zum Vollguss mit anschließendem Aufbohren der Rohre stellte einen Qualitätssprung dar. Das von Johannes Maritz ab 1715 eingeführte Horizontalbohrwerk ermöglichte genauere Kalibermaße, was letztlich die Schussleistungen der Geschütze verbesserte. Zum Umfeld der ständigen Weiterentwicklung gehörten auch die fortlaufende Verbesserung der Lafetten, der Munition und der Schießverfahren. Grundsätzliche Veränderungen wie etwa die Einführung gasdichter Hinterladerverschlüsse oder das Schießen mit Granaten aus gezogenen Rohren waren nun mal erst mit der Weiterentwicklung anderer Wissenschaftsdisziplinen und technischer Verfahren (Metallbearbeitung) möglich.

Das reich verzierte Rohr der schwedischen 24-Pfünder-Festungskanone wurde von BENT OLOF SON ANNO 1559 gegossen (im Nordischen Krieg von der russischen Armee erbeutet).
Foto: Artilleriemuseum St. Petersburg

Unabhängig von solchen technischen und technologischen Prozessen sei hier kurz die künstlerische Gestaltung der bronzenen Geschützrohre vom 16. bis zum 18. Jahrhundert erwähnt. Als Ausdruck des Zeitgeistes dieser Epoche findet man auf den Geschützrohren oftmals wahre Kunstwerke in Form von verzierten Feldern und Rundfriesen sowie filigran gestaltete Wappen und mit Wahlsprüchen oder anderen Inschriften versehene Kartuschen und Bänder. Viele dieser Entwürfe stammen von bedeutenden Kupferstechern, Bildhauern oder auch Architekten. Eng verbunden mit solchen Prunkstücken sind die Namen der Stückgießer bzw. ganzer Gießerfamilien. Namen wie Johannes Maritz und seine Söhne, Jan und Pieter Verbruggen, Gregor Löffler, die Hilgers aus Freiberg, A. Schalch sowie Johan Jacobi, »Hoff- und Artilleriegießer« aus Berlin, um nur einige zu nennen, sind für ewig in die Geschichte der Artillerie eingegangen.

Eine kleine Wissenschaft für sich sind die damaligen Bezeichnungen und Definitionen der verschiedenen Geschütztypen. Bezeichnungen wie Schlangen, Falkonetts, Culverinen, Basilisk oder Minions, Saker und Kartaunen sind nur einige von ihnen. Hinzu kommt, dass Geschützarten mit fast gleichem Kaliber und gleichem Verwendungszweck nicht selten in einem Land, erst recht in fremden Ländern, unterschiedliche Bezeichnungen trugen. Es gehören schon einige Erfahrungen dazu, für diese Periode wissenschaftliche Definitionen und die Einteilung in Haupt- und Untergruppen zu erarbeiten bzw. vorzunehmen. Sie sollten Experten auf diesem Gebiet vorbehalten sein. In dieser Darstellung findet der Leser einige ausgewählte Beispiele für diese Geschütztypen. Bei den Beispielen wurde versucht, hauptsächlich Geschütze mit ihren Lafetten zu zeigen, selbst wenn einige von ihnen Rekonstruktionen darstellen. Wer hier sein Wissen vertiefen möchte, findet in einigen Museen auch noch umfangreiche Rohrsammlungen, deren genaue Betrachtung und Untersuchung Tage in Anspruch nehmen kann (Wien, Paris, St. Petersburg, Kopenhagen, Ankara u.a.).

Auch Bronzerohre von Mörsern wurden nicht selten mit reichhaltigen Verzierungen ausgestattet. Hier z.B. ein dänischer 100-pds-Mörser aus dem Jahre 1754.
Tøjhusmuseet Kopenhagen, Inv.-Nr. A 409
Foto: Autor

Der technische Entwicklungsweg, hier für den Leser anhand einer Vielzahl von Geschütztypen und Modellen skizziert, war eine Seite der kontinuierlichen Weiterentwicklung der Artillerie. Die ständige Erweiterung der Einsatzprinzipien, neue taktische und operative Methoden wie beispielsweise die Einführung der reitenden Artillerie, die Zusammenfassung von Geschützen zu »Zentralbatterien« sowie die bereits früh eingeführte Gliederung in Feld-, Festungs- und Belagerungsartillerie waren wesentliche Voraussetzungen zum wirksameren Einsatz von Artilleriegeschützen. Von den durch die »Büchsenmeister« und ihren Zunftgesellen eingesetzten Geschützen über erste Artilleriekompanien mit angemieteten Zugpferden und Fuhrknechten bis hin zu ständigen Strukturen z.B. der Feldartillerie war es ein weiter Weg.

Die zunehmende Bedeutung der Artillerie, deren Wirkung im Ziel letztlich zur Herausbildung einer selbstständigen Waffengattung führte, dokumentiert auch die ständig steigende Anzahl der eingesetzten Geschütze.

Britische 12-pdr-Feldkanone der Royal Horse Artillery, hergestellt 1897 in der Royal Gun Factory in Woolwich.
Fort Henry, Kingston, Kanada
Foto: Autor

Während der preußische König Friedrich II. beim Beginn des Ersten Schlesischen Krieges im Dezember 1740 in seinem Heer von 27400 Mann ein Artilleriebataillon mit 90 Geschützen, davon 48 Belagerungsgeschütze, mitführte, waren beim Russlandfeldzug Napoleons im Jahre 1812 bereits 1372 Geschütze im Bestand der »Grande Armée«. Im Deutsch-Französischen Krieg 1870/71 wurden von den Armeen des Norddeutschen Bundes (Preußen, Bayern, Sachsen, Baden und Württemberg) 1718 leichte und schwere Feldgeschütze eingesetzt. Hinzu kamen 11 preußische Regimenter der Festungsartillerie, von denen ein Teil noch als Belagerungsgeschütze zum Einsatz kam. Die in Großbritannien im »Royal Regiment of Artillery« zusammengefasste Feld- und Fußartillerie verfügte 1897 über 708 Feldgeschütze (21 reitende, 87 fahrende und 10 Gebirgsbatterien). Auch hier kam eine größere Zahl von Festungs- und Belagerungsgeschützen der »Garrison Artillery« hinzu. Den Ersten Weltkrieg schließlich begann die deutsche Feldartillerie mit rund 3800 Geschützen. Schon bis Mai 1916 war ihre Anzahl mit 7056 Feldgeschützen fast verdoppelt worden (nur Feldkanonen und Feldhaubitzen). Auch hier kamen bis März 1917 noch 6800 schwere Feldgeschütze und Mörser hinzu. Von Artilleriedivisionen und Rohrdichten je Frontkilometer wird in einem zweiten Band noch zu berichten sein.

Bei den Informationen zu den einzelnen Geschützklassen und -typen wird der heutige Leser nur erahnen können, welches mörderische Feuer die unterschiedlichen Artillerieformationen etwa bei der Artillerievorbereitung eines Sturmangriffs im Ersten Weltkrieg führen konnten.

Nur ein Beispiel von vielen soll hier angeführt werden. Zur Vorbereitung der Erstürmung des Caillette-Waldes bei Verdun wurde ab 1. Juni 1916 ein 13-stündiges Zerstörungsfeuer, ein nächtliches »ruhiges« Störfeuer und

Deutscher 21-cm-Mörser in einer Feuerstellung an der deutsch-französischen Front im Sommer 1916. Foto: Archiv Tamm

ein zweistündiges Sturmreifschießen befohlen. Auf einer Einbruchsbreite von nur 1000 m und einer Tiefe von nur 500 m schossen 16 Mörserbatterien, 8 schwere Feldhaubitzenbatterien, 6 leichte Feldhaubitzenbatterien, 9 Feldkanonenbatterien und 44 leichte, mittlere und schwere Minenwerfer. Der Munitionsverbrauch betrug 38220 Schuss, davon allein 12000 Schuss aus schweren Mörsern (nach Schauwecker, So war der Krieg). Die Erstürmung oblag letztlich der Infanterie. Trotz einer enormen Artillerievorbereitung erlitt sie nicht selten immer noch schwere Verluste. Begriffe wie »Trommelfeuer«, »Feuerwalzen« und auch »Gasschießen« ermög-

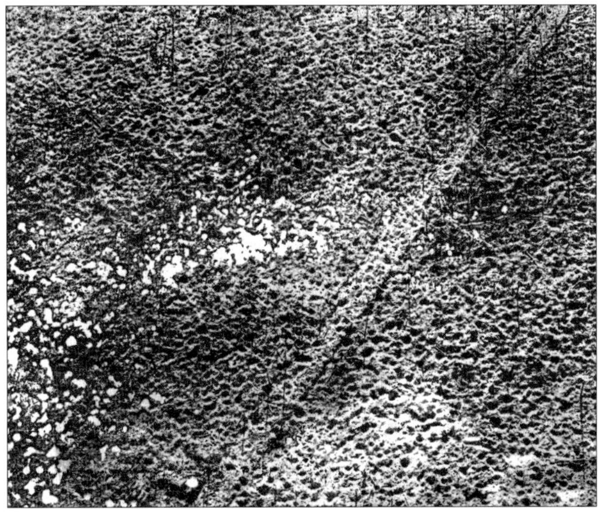

Analog dem Begriff »Trommelfeuer« sah dann so ein »zertrommelter« Wald aus. Foto: So war der Krieg, S. 100

lichen heute nur annähernd eine Vorstellung von der Wirkung der Artillerie in den Materialschlachten des Ersten Weltkrieges.

Auf eine Darstellung von schweren Sondergeschützen und Eisenbahngeschützen wurde in dieser Zusammenstellung verzichtet. Über diese Fernkampfgeschütze, z.B. das »Paris-Geschütz«, gibt es bereits eine Reihe ausgezeichneter Veröffentlichungen, die sich Interessierte ggf. bei Bibliotheken ausleihen können (F. Kosar, G. Taube, J. Batchelor/Hogg, squadron/signal publications u.a.). Während Gebirgsgeschütze mit ihren Besonderheiten schon seit frühen Zeiten in Armeen von Ländern mit Gebirgsregionen genutzt wurden, blickt die Flak-Artillerie erst auf eine rund 90-jährige Geschichte zurück. Zu beiden Geschützarten findet der Leser ausgewählte Beispiele bis etwa 1920. Die Erarbeitung dieser Zusammenstellung über das Geschützmaterial der Feld-, Festungs- und Belagerungsartillerie wäre ohne die Hilfe und Unterstützung eines größeren Personenkreises in diesem Umfang nicht denkbar gewesen. Für die freundliche Unterstützung bei der Beschaffung von Bildmaterial, der Bereitstellung von Informationen sowie die Zustimmung zur Veröffentlichung von Archivunterlagen danke ich Herrn Fritz H. Contag von der Firma Rheinmetall W & W, dem Leiter der Wehrtechnischen Studiensammlung des BWB, Herrn Dr. R. Wirtgen, dem Direktor des Tøjhusmuseet in Kopenhagen, Herrn Ole L. Frantzen, dem Vorsitzenden der Gesellschaft für Artilleriekunde, Herrn Oberstleutnant a.D. Volker Baumann, sowie dem Direktor der Kunstsammlungen der Veste Coburg, Herrn Dr. K. Weschenfelder. Zu ganz besonderem Dank bin ich dem Artillerieexperten Herrn Rudi Roth aus der Schweiz verpflichtet. Sowohl Bildmaterial und Zeichnungen als auch wesentliche Fakten und Daten zur frühen Geschichte der Artillerie wurden von ihm bereitgestellt. Für die Überlassung von Bildmaterial und Informationen gilt mein Dank auch Herrn Pierre Touzin aus Frankreich sowie Herrn Manfred Meyer aus Mölln. Danken möchte ich auch Herrn Wolfgang Fleischer vom Militärhistorischen Museum der Bundeswehr, Frau Jutta Krauss von der Wartburg-Stiftung, Herrn Ingo Busse von der Festung Königstein, Frl. Margit Begler sowie Herrn Ove Johansson vom Schloss Gripsholm. Für Bildmaterial aus den USA danke ich auch Herrn Stabsfeldwebel Thilo Gnoerich vom deutschen Heeresverbindungsstab an der U.S. Army Field Artillery School in Fort Sill/Oklahoma. Auch meinen Söhnen Hans-Joachim und Klaus Peter danke ich für ihre immer schussbereite Kamera bei weltweiten Studien- und Dienstreisen.

Obwohl eine »Begeisterung« für Waffen aller Art eher fehl am Platze ist, sollte ein Interesse an ihrer Geschichte uns befähigen, daraus Schlussfolgerungen und Lehren zu ziehen. Auch die, dass unsere Welt von einer allseitig friedfertigen Völkergemeinschaft noch ein gutes Stück entfernt ist. Vielleicht leistet diese Darstellung auch dazu einen bescheidenen Beitrag.

Kritzmow/Hamburg, im September 2003

Hans Mehl

I. Schmiedeeiserne und gegossene Vorderlader

Mauerbrecher und Bombarden

Frühe Bombarde als Bodenfund

Die heute im britischen Artilleriemuseum Woolwich aufbewahrte Bombarde wurde im Burggraben des englischen Schlosses Bodwin Castle gefunden. Ihre Herkunft ist bis heute unbekannt, jedoch wird ihre Herstellung um 1400, vermutlich in Flandern, datiert. Die nach ihrem Fundort als »Bodwin-Mörser« bezeichnete Waffe hat ein Kaliber von 390 mm. Mit einer Gesamtlänge von 1145 mm wiegt die Bombarde 305 kg. Es wird vermutet, das die relativ kleine Bombarde nach einer kriegerischen Auseinandersetzung zurückgelassen wurde und in Vergessenheit geriet.

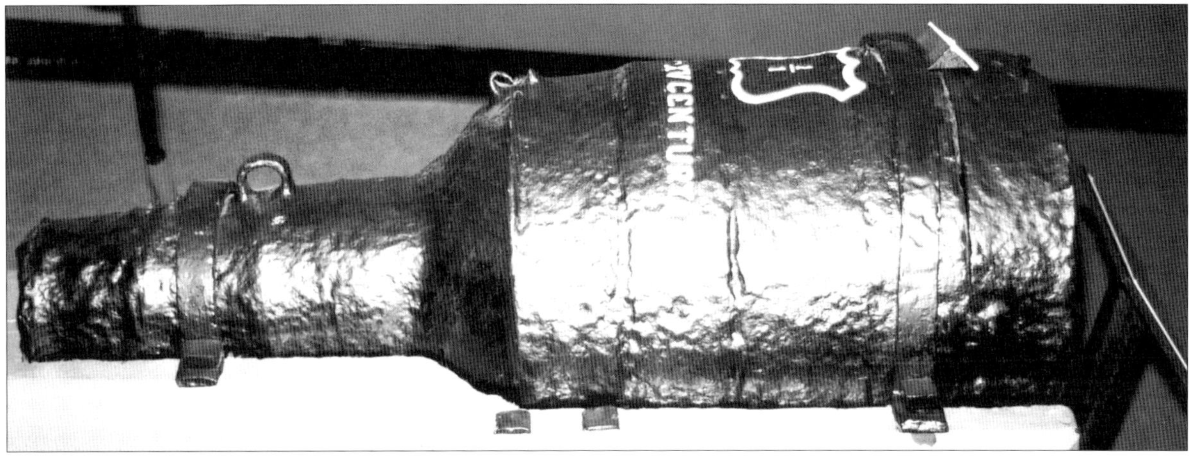

Der »Bodwin-Mörser« im Artilleriemuseum Wollwich.
Foto: Nr. 1 Roth

Burgunder Bombarde um 1430

Die im Historischen Museum zu Basel gezeigte Bombarde gehörte ursprünglich zur Artillerie des burgundischen Heeres unter Karl dem Kühnen (1467–1477). In der Schlacht von Murten im Jahre 1476 wurde das schwere Legestück von einem Schweizer Heer erbeutet.

Die von J. Gambier um 1425 geschmiedete Bombarde hat ein Kaliber von 340 mm. Die Gesamtlänge beträgt 2725 mm.

Die schmiedeeiserne Bombarde im Historischen Museum zu Basel.
Foto: Nr. 2 Roth

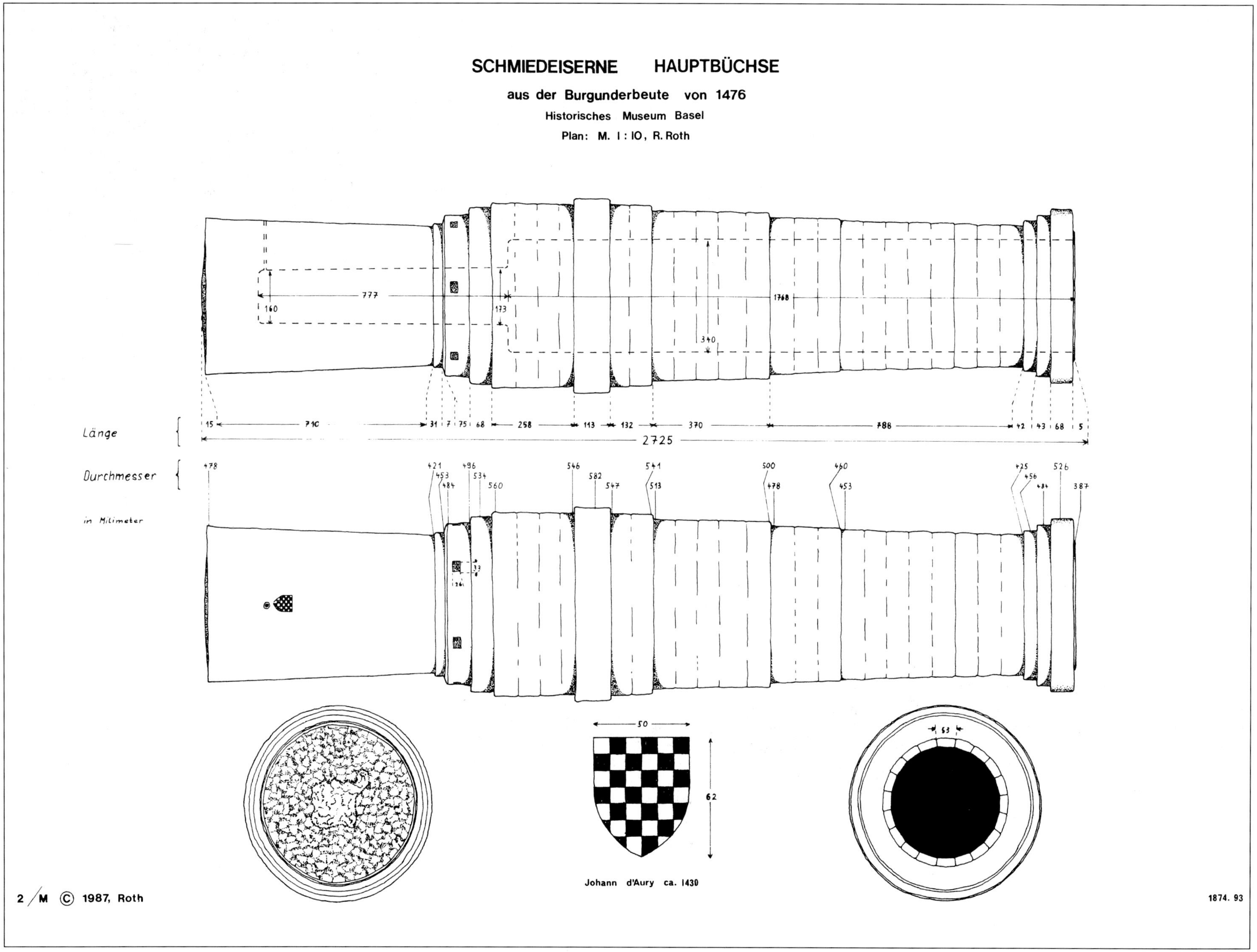
SCHMIEDEISERNE HAUPTBÜCHSE
aus der Burgunderbeute von 1476
Historisches Museum Basel
Plan: M. 1 : 10, R. Roth
Länge
Durchmesser
in Milimeter
2725
777
1768
160
173
340
Johann d'Aury ca. 1430
50
62
2/M © 1987, Roth
1874. 93

Englische Bombarden um 1430

Die beiden in der Benediktiner-Abtei auf der Insel Mont-Saint-Michel zu besichtigenden Bombarden gehörten am 17. Juni 1434 zur Belagerungsarmee des englischen Heerführers Thomas Scalles. Die höchstwahrscheinlich in Flandern hergestellten Legestücke sind als Stabringgeschütze geschmiedet. Das linke Rohr hat ein Kaliber von 380 mm, das rechte 420 mm. Die genaue Länge der Rohre lässt sich nicht mehr ermitteln, da Teile der Mündung bereits weggerostet sind (ca 3800 mm). Beide Bombarden wurden nach der Belagerung von den Engländern zurückgelassen.

Rechts:
Die »Michelettes« auf der Insel Saint-Michel.
Foto: Blanke

Die »Dulle Grete« auf dem Markt von Gent. *Foto: Nr. 702 Roth*

Bombarde »Dulle Grete« von Gent

Das auf dem Freitagsmarkt in Gent aufgestellte Geschützrohr erregt seit jeher die Bewunderung von Geschützliebhabern aus aller Welt. Das um 1436 von J. Gambier in Stabringtechnik geschmiedete Rohr ist zweiteilig ausgeführt. Flug und Kammer können über ein Gewinde zusammengeschraubt werden. Das Kaliber der sehr gut erhaltenen Waffe beträgt 639 mm und die Gesamtlänge 5031 mm. Das Rohr kommt auf ein Gewicht von 12250 kg (!). Mit Treibladungen von 60 bis 80 Pfund konnten Steinkugeln mit einem Gewicht von rund 320 kg auf 2300 Schritt verschossen werden. Sie und einige andere erhaltene Stücke legen heute noch Zeugnis von der flandrischen Kunst bei der Herstellung solcher Geschütze ab.

Die schmiedeeiserne Steinbüchse im ehem. Armeemuseum der DDR. *Foto: Thiede*

Schmiedeeiserne Steinbüchse aus dem späten Mittelalter

Die vormals im Bestand des Armeemuseums der DDR – heute Militärhistorisches Museum der Bundeswehr – befindliche Steinbüchse kann durchaus als Vorläufer der späteren Mörser angesehen werden. Das relativ kurze Stück war offensichtlich für Steilfeuer während einer Belagerung vorgesehen. Das in Stabringtechnik geschmiedete Geschütz hat ein Kaliber von 330 mm. Mit ihm konnten 42 kg schwere Steinkugeln verschossen werden.

Schmiedeeiserne Bombarde »Mons Meg«, 15. Jahrhundert

Das schwere Legestück ist vermutlich nach 1430 im heutigen Belgien für den englischen König Heinrich VI. geschmiedet worden. Das heute auf der Königsbastion in Edinburgh auf einem rekonstruierten Transportwagen gezeigte Geschütz hat ein Kaliber von 505 mm.

Die Gesamtlänge beträgt 4110 mm (Flug 2678 mm). Flug und Kammer sind nach der Technologie der Stabringgeschütze geschmiedet und zusammengebaut. Beide einzeln geschmiedeten Teile sind leicht konisch ausgeführt, was das Aufziehen der geschmiedeten Ringe im rotwarmen Zustand erleichterte. Mit einer Treibladung von 31 bis 36 Pfund konnten 150 kg schwere Steinkugeln verschossen werden.

Unten: Die restaurierte »Mons Meg« in Edinburgh. *Foto: Tourist Edinburgh*

Mittelalterliches Stabringgeschütz »Faule Magd«

Das früher zum Bestand des Sächsischen Armeemuseums in Dresden gehörige Geschütz ist dank wissenschaftlicher Restaurierung eine der am besten erhaltenen Geschütze aus dem Mittelalter. Das aus 20 geschmiedeten Eisenstäben und 40 Ringen zusammengesetzte Rohr wurde um 1430 als schweres Legestück hergestellt. Erst um 1600 baute man für dieses Stück eine hölzerne Radlafette. Da das Rohr keine Schildzapfen hatte, legte man es in einen Muldenkasten, der wiederum mit Schildzapfen in der Lafette gelagert wurde. Das Rohr mit einem Kaliber von 345 mm hat eine Gesamtlänge von 2330 mm und wiegt 1383,3 kg. Die vermutlich als Belagerungskanone vorgesehene Waffe verschoss 96-pfündige Steinkugeln.

Die hölzerne Lafette weist eine Reihe von Verzierungen und Buchstaben als Abkürzungen auf. So z.B. die Großbuchstaben GLZ, welche nach heutiger Erkenntnis für »Großes Landeszeugheus« (Sachsen) stehen. Eingeschnitzte Verzierungen, zwei Wahlsprüche an jeder Seite der Kastenlade sowie eine Bemalung in den Farben Gelb und Blau vervollständigen die künstlerische Gestaltung der Lafette.

Die »Faule Magd« im alten Zeughaus der Festung Königstein. *Foto: Hering*

Die Bombarde im Militärmuseum von Istanbul. *Foto: Autor*

Osmanische Bombarde aus dem 15. Jahrhundert

Im Militärmuseum von Istanbul wird eine mittlere Bombarde aus der Mitte des 15. Jahrhunderts gezeigt, die vermutlich mal zum umfangreichen Geschützpark des türkischen Sultans Mohamed II. gehört hat. Mit weitaus größeren Stücken eröffnete Mohamed II. 1452 die Belagerung von Konstantinopel. Die abgebildete Bombarde wurde vermutlich ebenfalls in der Geschützwerkstatt in Adrianopel hergestellt. Das Kaliber beträgt hier 180 mm und die Gesamtlänge 1730 mm. Zwei Heberinge ermöglichten das Anheben zum Transport und das Absetzen in eine hölzerne Kastenmulde (Legestück).

Die Bombarde mit Kugel im Musée de l'Armée Paris. *Foto: Autor*

Bronzene Bombarde des Johanniterordens

Die im Musée de l'Armée in Paris gezeigte Bombarde ist ähnlich der osmanischen Rohre zweiteilig gegossen. Flug und abgesetzte Kammer können über ein Gewinde zusammengeschraubt werden. Zum Drehen der beiden Teile mittels Holzspaken wurden an der Mündung und am Bodenkranz Ausnehmungen vorgesehen. Das Ende des 15. Jahrhunderts auf Befehl des Großmeisters der Johanniter, Pierre d'Aubusson, gegossene Stück hat ein Kaliber von 580 mm und eine Gesamtlänge von 1950 mm. Das Gewicht des Rohres beträgt 3325 kg. Mit der Bombarde konnten Steinkugeln mit 235 kg Gewicht verschossen werden (Unterschiede nach Gesteinsart). Das bereits mit Schildzapfen versehene Rohr wurde nach wie vor in einer hölzernen Kastenlade gelagert.

Bronzene Belagerungsbombarde 1474

Die bronzene Bombarde wurde 1474 von Jean de Malines im heutigen Belgien für das burgundische Heer unter Karl dem Kühnen gegossen. Es ist das früheste datierte Geschütz, bei dem erstmalig angegossene Schildzapfen nachgewiesen sind. Das Kaliber dieser Bombarde beträgt 226 mm. Die Gesamtlänge beträgt 2548 mm (2262 + 286 für Handhabe).

Das Rohr wiegt 2441 kg. Auch dieses Geschütz wurde 1476 in der Schlacht bei Grandson von Schweizer Truppen erbeutet und hat deshalb heute seinen Platz im Historischen Museum zu Basel.

Die bronzene Bombarde aus der Burgunder Beute im Historischen Museum zu Basel. *Foto: Nr. 276 Roth*

Frühe Festungs- und Belagerungskanonen

Spanische 40-Pfünder-Belagerungskanone 1556

Die 40-Pfd.-Belagerungskanone mit einem Kaliber von 182 mm wurde 1556 von Remigy de Halut in Malines für das spanische Herrscherhaus unter König Philipp II. gegossen. 1588 wurde die Kanone mit einem spanischen Heer auf einem Schiff der Großen Armada mitgeführt. Das Schiff ging bei der Umrundung Englands im Sturm verloren. Taucher konnten die Kanone bergen. Mit rekonstruierter Lafette steht sie heute im Tower Museum von Londonderry in Nordirland.

Das königliche Wappen, die Delphinhenkel sowie ein Delphin als Handhabe sind vorzüglich erhalten.

Rechts: Die spanische Kanone im Tower Museum von Londonderry in Nordirland. Foto: Nr. 948 Roth

Die »Zaren-Kanone« im Kreml von Moskau. *Foto: Sommer*

Die russische »Zaren-Kanone« 1586

Die mittlerweile weltbekannte »Zaren-Kanone« wurde 1586 vom russischen Stückgießer Andrej Tschochov gegossen. Die für die Kreml-Garnison vorgesehene Kanone hat nicht nur gewaltige Abmaße, sondern sie ist zugleich ein Prunkstück russischer Bronzegießerkunst.

Das gekammerte Rohr mit einem Kaliber von 890 mm hat eine Länge von 5340 mm (Kammerlänge 1740 mm, Kammerdurchmesser 440 mm). Mit einem L/6,1 ist sie nach heutigen Maßstäben eigentlich eine Haubitze.

Das Rohr wiegt 39312 kg (!). Zum Schießen waren 1000-kg-Eisenkugeln mit einer Treibladung von 600 kg Pulver vorgesehen. Die Rohrwandung hat nur eine Stärke von 150 mm. Schon Tschochov warnte davor, ja nur mit »kleinen Ladungen« zu schießen. Heute steht fest, das mit dieser Kanone nie geschossen wurde. Bei den zu dieser Zeit wiederholt durchgeführten Überfällen der Krim-Tataren soll sie aber einen nachhaltigen Abschreckungseffekt erzielt haben (Shirokorad).

Die »Zar Achilles« im Artilleriemuseum von St. Petersburg.
Foto: Autor

Sächsische 12-Pfünder-Kanone 1623

Das Bronzerohr dieser Kanone wurde 1623 vermutlich von Andreas Herold in Dresden gegossen (Designvergleich). Noch unter der Regentschaft des sächsischen Kurfürsten Johann Georg I. (1611–1656), ziert auch sein Wappen das Hinterstück des Rohres. Eine eingearbeitete Gravur gibt über die weitere Verwendung folgende Auskunft: MED GUDS HELP AF K.' CARL D. XII TA GIT MEDH FESTNIN GEN NEUMUNDE D. DEZEMB. 1701 JOHANN GEORG HERZOG ZV SACHSEN GVLICH CLEVE UND BERGKCHVRFVRST (Rohr-NO. VI). Demnach wurde das Rohr dem schwedischen König Carl XII. im Nordischen Krieg zur Verteidigung der Festung Neumünde geschenkt, nunmehr allerdings von Johann Georg I.V, einem Bruder von August dem Starken. Kurz darauf stürmten die Russen die Festung und erbeuteten alle schwedischen Kanonen. Die Schmucklafette wurde wiederum um 1850 unter russischer Regie angefertigt.

Russische 24-Pfünder-Kanone »Zar Achilles«

Das bei der russischen 24-Pfünder-Kanone »Zar Achilles« reich verzierte Bronzerohr wurde 1617 ebenfalls von Andrej Tschochov im »Kanonenhof« in Moskau gegossen. Mit ihrem ebenfalls außergewöhnlich langen Rohr war die Kanone von 1632 bis 1634 als Belagerungsgeschütz im Krieg mit Polen vor Warschau im Einsatz. Die Schmucklafette wurde erst um 1850 hergestellt.

Rechts:
Die 12-Pfünder-Kanone im Artilleriemuseum von St. Petersburg.
Foto: Autor

Dänische 27-Pfünder-Kanone 1633

Das Bronzerohr der auch als ¾-Kartaune bezeichneten Kanone wurde 1633 von Felix Fuchs in Kopenhagen gegossen. Die Kanone war ein Geschenk des dänischen Königs Christian IV. an seinen Verwandten Graf Anton Günther von Oldenburg. Die gesamte Rohroberfläche (außer Friese) ist mit drei oldenburgischen Stammbäumen verziert, die insgesamt 512 Täfelchen mit Namensinschriften tragen. Auf einem der Friese hat der Gießmeister lustigerweise den Spruch gestaltet: »DAS IST GEMACHT WERS BESSER KANN, DER MAG EIN NEUES FANGEN AN.« Das Kaliber beträgt hier 155 mm, die Rohrlänge 3100 mm und das Gewicht des Rohres beträgt 2950 kg.

Rechts:
Die reich verzierte »Stammbaum-Kanone« im Tøjhusmuseet in Kopenhagen.
Foto: Autor

Die Schweizer Kartaune im Landesmuseum von Zürich. *Foto: Nr. 223 Roth*

Schweizer ¾-Kartaune 1672

Die auch als 32-Pfünder bezeichnete schwere Kanone – Kaliber 172 mm – ließ die Stadt Zürich 1672 von dem bekannten Gießmeister Hans Füssli in Zürich gießen. Die hier auf einer rekonstruierten Lafette mit original Eisenbeschlägen gezeigte Waffe gehörte früher zum Belagerungspark der Schweizer Artillerie (Zeughaus Zürich).

Das 2961 kg schwere Bronzerohr hat eine Gesamtlänge von 3342 + 314 = 3656 mm. Das Rohr erhielt den Namen MERCVRIVS. Auf dem Bodenkranz findet man mit GOSS MICH HANS FVESLI die »Handschrift« des Gießmeisters (s. Zeichnung Nr. 223, R. Roth).

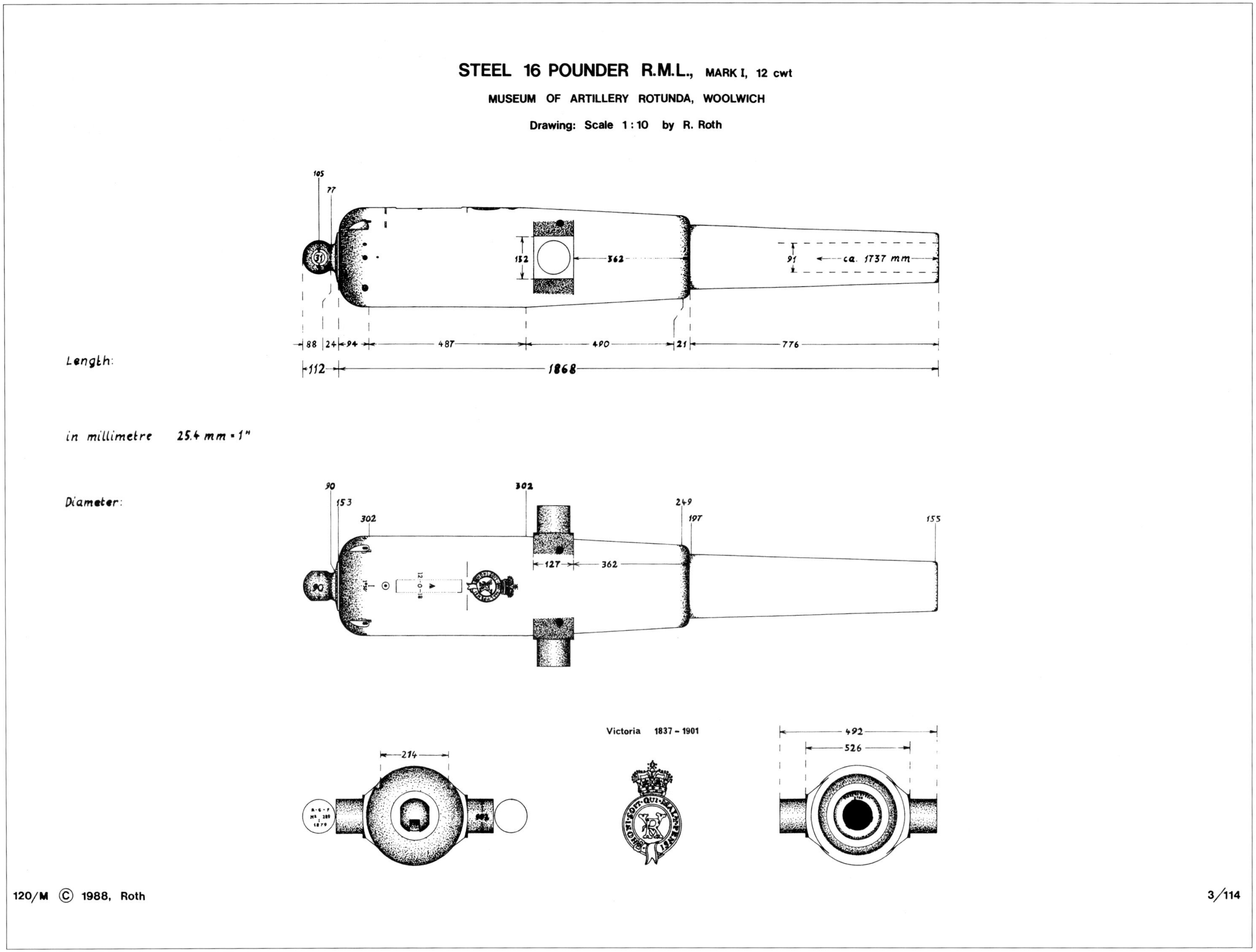
STEEL 16 POUNDER R.M.L., MARK I, 12 cwt
MUSEUM OF ARTILLERY ROTUNDA, WOOLWICH
Drawing: Scale 1 : 10 by R. Roth
Length:
in millimetre 25.4 mm = 1"
Diameter:
105
77
152
362
91
ca. 1737 mm
88
24
94
487
490
21
776
112
1868
90
153
302
302
249
197
155
127
362
Victoria 1837 – 1901
214
492
526
120/M © 1988, Roth
3/114

Österreichische Bronze-Kartaune 1681

Die schwere, reich verzierte Kartaune mit einem Kaliber von 190 mm wurde im Auftrag des Kaisers Leopold I. gegossen. Den Stückgießer und den Gießort zeigt die Umschrift GUSS MICH BALTASAR HEROLD IN WIEN. 1681. Auf dem Hinterstück ist der österreichische Doppeladler gestaltet, die Henkel wurden als Drachen ausgeführt. Die Länge des Rohres bis Stoßboden beträgt 3410 mm. Das Gewicht des Rohres wird mit »85. C.« (Zentner) angegeben. Auch dieses Geschütz war 1805 eine Kriegsbeute Napoleons I. und wurde nach Paris gebracht.

Die österreichische Kartaune vor dem Musée de l'Armée in Paris. Foto: Autor

Ein Kurfürstenrohr vor dem Musée de l'Armée in Paris.

Preußische 24-Pfd.-Kanone der »Kurfürsten-Serie« 1708

Die ehemals 12 bronzenen »Fürstenrohre« und das dazu gegossene »Königsrohr« zählen zu den künstlerisch wertvollsten Geschützrohren, die jemals in Brandenburg-Preußen gegossen wurden. Der preußische König Friedrich I. (König seit 1701) ließ die 12 Rohre in Würdigung der Verdienste seiner Vorfahren von dem bekannten Stückgießer Johann Jacobi in Berlin gießen. Die Entwürfe für alle Verzierungen stammen von Andreas Schlüter. Jedes Fürstenrohr trägt eine Reliefabbildung der brandenburgischen Kurfürsten, das Königsrohr eine des Königs. Jeder Henkel ist mit zwei Adlern gestaltet, deren ausgebreitete Flügel sich überlappen. Zu den reichhaltigen Verzierungen gehören Wappen, Kartuschen mit Inschriften, der preußische Adler mit Kronen sowie die Insignien FR für FRIDERICVS REX. Außer dem Fürstenrohr »Albrecht Achilles« waren alle Ge-

Das Bronzerohr »Albrecht Achilles« im Museum für Deutsche Geschichte in Berlin. Fotos: Autor

schütze dieser Serie durch Friedrich II. bei der Verteidigung von Prag eingesetzt. Hier von den Österreichern erbeutet, gelangten sie schließlich nach Wien. 1805 ließ Napoleon I. die Geschütze als Kriegsbeute nach Paris schaffen. Von hier im Zweiten Weltkrieg auf Befehl Hitlers nach Berlin gebracht, um letztlich nach Einzug der französischen Besatzungsmacht in Berlin wieder nach Paris zurückgeführt zu werden (Odyssee einer Kriegsbeute!). Das abgebildete Rohr hat ein Kaliber von 150 mm. Die Gesamtlänge beträgt 3450 + 300 = 3750 mm. Am Bodenkranz findet man die Umschrift JOHANN JACOBI GOS MICH IN BERLIN A : 1708 (div. Einzelheiten s. Müller, Deutsche Bronzegeschützrohre).

Sächsische »Halbe Kartaune« der Buchstabenserie

Ab 1712 ließ der sächsische Kurfürst nacheinander auch 24 Bronzerohre einer so genannten »Buchstabenserie« durch verschiedene Gießereien herstellen. Die abgebildete 24-Pfünder-Kanone, auch »Halbe Kartaune« genannt, ist mit dem Rohr »M«, NO.12, bestückt. Das ansonsten schmucklose Rohr wurde 1712 von M.W. (vermutlich M. Wittwerk) in Danzig gegossen. Das Kaliber beträgt 153 mm. Das 3280 mm lange Rohr wiegt 3215 kg. Auch diese Kanone wurde 1945 als Kriegstrophäe in die Sowjetunion verbracht, aber 1959 an die damalige DDR zurückgegeben. Nur das Rohr »P« befindet sich heute noch auf der Festung Königstein. Die meisten Rohre dieser Serie wurden eingeschmolzen oder gelten als vermisst.

Die »Halbe Kartaune« mit Rohr »M« vor dem Torravelin der Festung Königstein (heute mit neuer Lafette vor dem alten Zeughaus). Foto: Autor

Sächsische 24-Pfünder-Kanone 1712

Das Bronzerohr »Januar« der auf der Veste Coburg ausgestellten Kanone wurde 1712 von Benjamin Wittwerk in Danzig gegossen. Es gehört zu einer nachgegossenen (2.) Serie so genannter »Monatsrohre«, von denen jedes den Namen eines Monats trägt (Nachguss nur 9 Rohre). Nach dem Verlust von 9 Rohren aus der ersten Monatsserie – sie wurden eine Kriegsbeute der Schweden – ließ August II. als König von Polen (Als Friedrich August I. Kurfürst von Sachsen) die besagte 2. Serie nachgießen. Das Kaliber beträgt hier 152 mm, die Länge des Rohres umfasst 3270 + 400 = 3670 mm. Als Gewicht sind am Rohr »61 C. 100 P.« (Zentner und Pfund) vermerkt. Auf dem Hinterstück findet man das erhabene königliche Wappen mit der Herrscherbezeichnung AUGVSTVS II DG. REX ET. ELECTOR SAXONIÆ. Darunter links die 17 und rechts die 12 für das Herstellungsjahr. Von dieser zweiten Serie befinden sich die Rohre Martius, Aprilis und Julius heute auf der Festung Königstein, die Rohre Februari und Junius vermutlich in St. Petersburg (Busse).

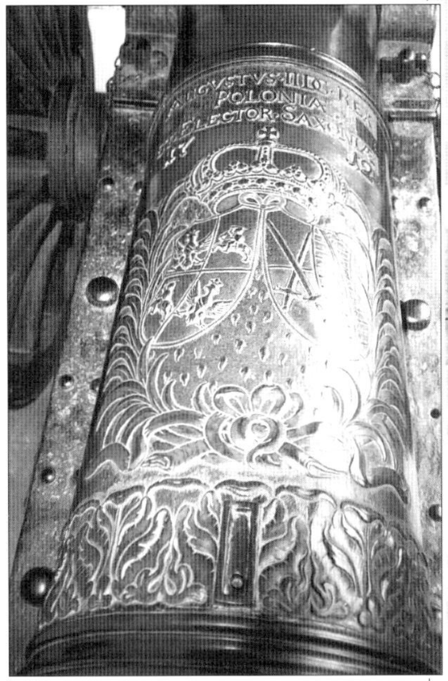

Wappen des Rohres »Januar«. Kunstsammlungen der Veste Coburg.
Fotos: Jersch

Die 24-Pfd.-Kanone auf der Veste Coburg.

Die Schweizer Belagerungskanone im Militärmuseum in Morges. *Foto: Nr. 979 Roth*

Schweizer 16-Pfünder-Belagerungskanone 1752

Das bronzene Rohr mit einem Kaliber von 131 mm, System Ott, wurde 1752 von Samuel Maritz in Bern gegossen. Samuel Maritz war der älteste Sohn der Schweizer Geschützgießerdynastie des Johannes Maritz (I). Seine beiden Söhne und Enkel leiteten später Geschützgießereien in der Schweiz, in Spanien, Frankreich und den Niederlanden. Das 1943 kg schwere Rohr hat eine Länge von 2927 mm (ohne Handhabe). Die Lafette wurde nach Originalzeichnungen rekonstruiert (beachte zweite Schildzapfenmulde für zurückgezogenes Rohr bei Marschlage).

Das Prunkgeschütz im ehem. Museum für Deutsche Geschichte in Berlin (heute Deutsches Historisches Museum). Foto: Autor

Deutsches Prunkgeschütz »Goldene Kanone« von 1643

An dieser Stelle sollen nacheinander auch zwei Prunkgeschütze gezeigt werden, die besonders das handwerkliche Können der Stückgießer und Geschützbauer verdeutlichen. Weniger für einen Kampfeinsatz als vielmehr für Repräsentationszwecke wurden weltweit immer wieder solche Prunkstücke gebaut (Paradekanonen, Salutkanonen u.a.). Bei der hier gezeigten »Goldenen Kanone« von 1643 wurde das Rohr als gebautes Stück hergestellt. Das Seelenrohr besteht aus einem Kupferzylinder, der von einem Holzmantel umgeben ist. Die äußere Rohrwandung wurde aus vergoldetem Kupferblech hergestellt. Ursprünglich hatte das Rohr zwei bronzene Henkel in Form ringender Tritonen, die jedoch verloren gegangen sind. Das Zündloch befindet sich am Stoßboden und ist durch einen abnehmbaren Elefantenkopf verschlossen. Die Lafette ist aus Eichenholz gefertigt und anschließend mit Birnbaumfurnier überzogen. Das Kaliber beträgt 68 mm. Ohne Handhabe ist das Rohr 2980 mm lang.

(Alle Angaben nach Müller, Alte Geschütze)

Chinesische Prunkkanone

Eine außergewöhnliche Form zeigt diese kleine chinesische Prunkkanone. Sie wurde 1868 als Geschenk des chinesischen Kaisers T'ung Chih (Mu Tsung, 1861–1875) an den kaiserlichen Prinzen Peter Bonaparte von Frankreich überreicht. Das Bronzerohr mit seiner Drachenkopfmündung hat ein Kaliber von 32 mm. Sie soll aus einer chinesischen Festung stammen, wo sie sicher nur zum Salutschießen bzw. Böllern genutzt wurde. Das genaue Herstellungsdatum des Rohres ist unbekannt.

Unten: Die chinesische Prunkkanone im Musée de la Marine in Paris. Foto: Autor

Festungs- und Belagerungsmörser

Kurbrandenburgischer 120-Pfd.-Mörser 1678

Das bronzene Mörserrohr wurde 1678 von Johan Martin Heinz von Hamburg in Berlin gegossen. Der für das kurbrandenburgische Heer unter dem Großen Kurfürsten Friedrich Wilhelm vorgesehene Mörser wurde später von der preußischen Armee als Belagerungsmörser eingesetzt und dann von russischen Truppen erbeutet. Das Rohr hat ein Kaliber von 310 mm. Mit einer Rohrlänge von 1150 mm wiegt das Stück 1769 kg. Die Schmucklafette wurde erst 1850 unter russischer Regie angefertigt.

Der kurbrandenburgische Mörser im Artilleriemuseum von St. Petersburg. *Foto: Autor*

Französischer 15-pouce-Mörser 1685

Der bronzene Mörser mit einem Kaliber von 422 mm wurde 1685 von den Schweizer Stückgießern Gebrüder Keller in Douai gegossen. Auf dem Hinterstück befindet sich ein gekröntes Wappenfeld mit einem Sonnengesicht und den drei Lilien der Bourbonen (König Ludwig XIV., 1643–1715). Die Zündpfanne ist als Maske gestaltet. Das relativ dünnwandige Rohr lässt vermuten, dass aus diesem Mörser keine Vollkugeln, sondern Hagelladungen aus Hackblei oder Eisenstücke verschossen wurden. Die Rohrlänge gesamt beträgt 885 mm. Als Gewichtsangabe sind auf dem untersten Bund »9 C.: 41 P.« (Zentner und Pfund) eingeschlagen.

Der Mörser im Museum für Deutsche Geschichte in Berlin. *Foto: Autor*

Im Artilleriemuseum von St. Petersburg ausgestellter 8-Pud-Mörser in Schmucklafette. *Foto: Autor*

Russischer 8-Pud-Mörser

Russische 8- und 9-Pud-Mörser wurden Anfang des 18. Jahrhunderts von der russischen Armee unter Zar Peter I. im Nordischen Krieg (1700–1721) als Belagerungswaffen eingesetzt. Das Bronzerohr des 8-Pud-Mörsers Kaliber 375 mm – hat eine Länge von 1400 mm (Gewicht 3536 kg). Auf einem hölzernen Bett war ursprünglich ein fester Schusswinkel von +45° vorgesehen. Verschossen wurden 320-Pfund-Explosivbomben (russisches Artilleriepfund). Die Schussweite wurde mit der Treibladung reguliert (max. 19-Pfund SP). Die Schmucklafette mit doppelköpfigem Zarenadler wurde erst 1850 angefertigt.

Holländischer 16-Pfünder-Mörser VOC 1743

Der bronzene Mörser mit einem Kaliber von 204 mm wurde 1743 für die VOC/Amsterdam gegossen. Das Schriftfeld auf dem Hinterstück mit Angabe des Gießmeisters und Herstellungsort lautet: ME FECIT CIPRIANUS CRANS JANS AMSTELODAMI ANNO 1743. Die Länge des Rohres beträgt 735 mm (Gewicht 338 kg). Mit den auch als »Royal Mortar« bezeichneten Mörsern wurden sowohl Explosivbomben wie auch Vollkugeln mit einem Gewicht von über 40 kg verschossen. Der zur Bewaffnung eines Forts oder eines befestigten Handelsplatzes in Ostindien vorgesehene Mörser erreichte sein Ziel jedoch nicht. Noch im Herstellungsjahr versank er mit anderen Mörsern 1743 mit dem holländischen Transportschiff HOLLANDIA. Taucher förderten die Zeugen der VOC-Geschichte wieder ans Tageslicht.

Der VOC-Mörser in der Sammlung von H. L. Visser. *Foto: Nr. 587 Roth*

Englischer 13-inch-Mörser 1779

Der bronzene 13-inch-Mörser wurde 1779 von Verbruggen in Woolwich gegossen. Die von 1750 bis ca 1820 zur englischen Feldartillerie gehörenden Mörser wurden meistens als Belagerungsmörser eingesetzt. Mit einem Kaliber von 332 mm waren die verschossenen Explosivbomben eine gefährliche Waffe. Das Rohr zeigt auf dem vorderen Feld das coat of arms des englischen Königs George III. (1760–1820). Auf dem Hinterstück ist das Zeichen des Master-Generals of Ordnance, 1st Marquis Townshend, gestaltet. Das Mörserrohr hat eine Länge von 1107 mm und wiegt 1271 kg (siehe auch Zeichnung 478 von R. Roth).

Der Mörser im Fort Nelson in Portsmouth. *Foto: Nr. 478 Roth*

Dänischer 6-punds-Handmörser 1780

Der kleine Mörser mit einem Kaliber von 90 mm konnte von zwei Mann in die vorderste Linie getragen werden. Als Fußmörser konnte er in der Höhe mit einer Spindel gerichtet werden. Diese »Mini-Mörser« wurden weniger zur Belagerung von Festungen genutzt, sondern vielmehr zum Beschuss gegnerischer Feldstellungen eingesetzt.

Der Handmörser im Artilleriemuseum Varde in Dänemark. *Foto: Miller*

Der von den holländischen Stückgießern I. und P. Verbruggen in England gegossene Mörser.

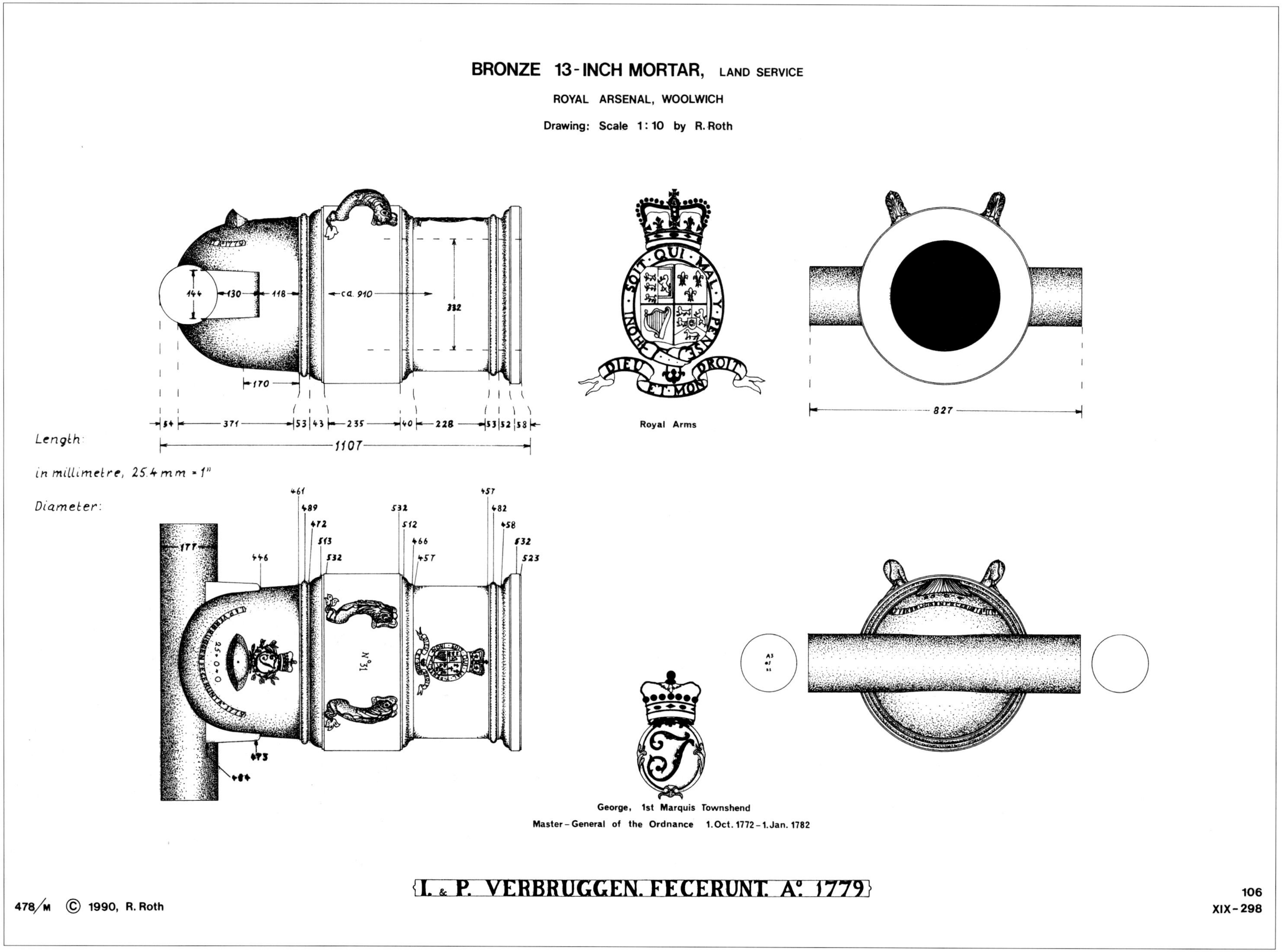

Französischer 12-pouce-Mörser 1806

Der bronzene Fußmörser – auch Fußschemelmörser genannt – ist mit seiner Grundplatte in einem Stück gegossen. Das Kaliber beträgt 320 mm. Ein verziertes Schriftband für Herstellungsort und Herstellungsdatum lautet: FONDU A TOULON – LE 22. Fevr. 1806.

Der Mörser hat einen festen Schusswinkel von +45°. Geringe Änderungen konnten durch Ankippen bzw. Absenken der Grundplatte erreicht werden. Die Schussweite konnte auch durch Variieren der Ladung beeinflusst werden. Vier Hebeösen dienten zum Anheben und Verladen auf einem bespannten Transportwagen.

Der Bronzemörser im Musée de l'Armée in Paris. *Foto: Autor*

Englischer 8-inch-Mörser 1808

Der 1808 von I. & H. King in Woolwich gegossene Mörser gehörte ebenfalls von ca. 1750 bis 1840 zur englischen Feld- und Belagerungsartillerie. Das Bronzerohr hat ein Kaliber von 204 mm, die Länge beträgt 542 mm (Gewicht 311 kg). Auf dem vorderen Feld ist zwischen den glatten Henkeln das Monogramm des Königs George III. dargestellt. Obwohl 1808 gegossen, trägt das Rohr noch das Zeichen des Master-Generals of Ordnance von Charles, Marquis Cornwallis.

Der Fußmörser im Tower von London. *Foto: Nr. 174 Roth*

Orgelgeschütze und Mehrkanalkanonen

Orgelgeschütz um 1500

Orgelgeschütze waren ein früher Versuch, die Feuergeschwindigkeit bzw. die Feuerdichte von Vorderladerwaffen zu erhöhen. Viele der ersten Ausführungen basierten auf der Verwendung von Rohren schwerer Hakenbüchsen bzw. Musketenkäufen. Teilweise in geschmiedeten Kästen gehaltert, wurden neben- und übereinander bis zu 20 Läufe und mehr eingesetzt. Das abgebildete Geschütz ist ein Beispiel aus dieser Zeit. Seine Herstellung wird für den Zeitraum von 1470 bis 1530 datiert (Wirtgen). Fünf Läufe ehemaliger Hakenbüchsen wurden hier in eine hölzerne Grundplatte eingelassen und mit vier eisernen Spannbändern festgesetzt. Das unterschiedliche Kaliber der Rohre beträgt v.l.n.r. 30, 27, 27, 30 und 27 mm. Die Länge der Läufe schwankt von 1110 bis 1185 mm. Am hinteren Ende befindet sich die Zündrinne, über die alle Läufe zugleich gezündet werden konnten.
Die mit Schildzapfen versehene Grundplatte war möglicherweise zum Einlegen in eine Radlafette geeignet, aber auch eine Verwendung auf einem drehbaren Gabelgestell in einer Festung ist denkbar.

Das Orgelgeschütz im Berliner Museum für Deutsche Geschichte. Inv.-Nr. 458. Foto: Autor

Das Orgelgeschütz auf Radlafette in der Coburger Sammlung. Inv.-Nr. G 53. Foto: Kunstsammlungen der Veste Coburg

Coburger Orgelgeschütz 1. Drittel 17. Jahrhundert.

Das im Bestand der Kunstsammlungen der Veste Coburg befindliche Orgelgeschütz mit 49 Rohren zeigt anschaulich die Bemühungen, die Feuergeschwindigkeit und die Feuerdichte solcher Geschütze mit mehrreihigen Laufanordnungen weiter zu erhöhen. Die Herstellung dieses Geschützes wird auf das erste Drittel des 17. Jahrhunderts datiert (erster Nachweis im Inventarium der Veste von 1634). Die im Raster 7 x 7 angeordneten Rohre haben ein durchschnittliches Kaliber von 17,9 mm. Die geschmiedeten Rohre werden in der Mitte durch ein Spannband mit Scharnier und Keil zusammengehalten. Die Laufmündungen umfasst eine schmaler Rahmen, die Stoßböden werden von einem breiten Rahmen umspannt. Jede Rohrreihe besitzt einen gemeinsamen Zündkanal, der jeweils durch ein Schutzblech abgedeckt wird. Der Rohrblock hat die Abmessungen L x H x B = 634 x 312 x 352 mm. Ein Richtzahnbogen mit Spornraste ermöglicht eine Depression von 45°. Eine detaillierte Beschreibung dieses und anderer Orgelgeschütze findet der interessierte Leser bei Wirtgen, Geschichte und Technik der automatischen Waffen in Deutschland (s. Quellenverzeichnis).

Dänisches Orgelgeschütz um 1700

Auch diese dänische Waffe ist ein Beispiel dafür, durch Anordnung mehrerer Rohre neben- und übereinander ein »Schnellfeuergeschütz« zu erhalten. Hier wurden unten fünf und oben vier Vorderladerrohre mit einem Kaliber von 20 mm angeordnet. In einer Art Trommel gelagert, können die beiden Rohrreihen vertikal bewegt werden. Alle Rohre einer Ebene wurden gemeinsam gezündet.

Das Orgelgeschütz im Tøjhusmuseet in Kopenhagen. Foto: Autor

Mit freundlicher Genehmigung durch R. Roth aus »The Visser-Collection«. Inv.-Nr. C 95.

Holländisch/spanische Mehrkanalkanone um 1600

In fast allen Ländern, in denen Geschütze geschmiedet und/oder gegossen wurden, fehlte es nicht an Versuchen, die Feuergeschwindigkeit dieser Waffen durch spezielle Konstruktionen zu erhöhen. Hier einzuordnen sind auch die heute in Museen und Sammlungen anzutreffenden Mehrkanalkanonen (Rohrbündelkanonen) mit teilweise unterschiedlichen Kalibern. Die hier aus der bedeutenden VISSER-Sammlung gezeigte Bronzekanone mit sieben Schusskanälen wurde vermutlich um 1600 in den Vereinigten Provinzen von Holland für das spanische Königshaus hergestellt. Hier haben alle Schusskanäle ein einheitliches Kaliber von 19 mm (gängiges Musketenkaliber). Die Schusskanäle ließen sich einzeln zünden, wozu eine raffinierte Zündplatte mit Abdeckschieber und zusätzlichem Verschlussdeckel gestaltet wurde. Das relativ kleine Geschütz hat nur eine Rohrlänge von 522 + 121 = 643 mm. Weitere Einzelheiten siehe Zeichnung 619 von R. Roth.

Das Rohrbündelgeschütz mit sieben Schusskanälen aus der VISSER-Sammlung in den Niederlanden

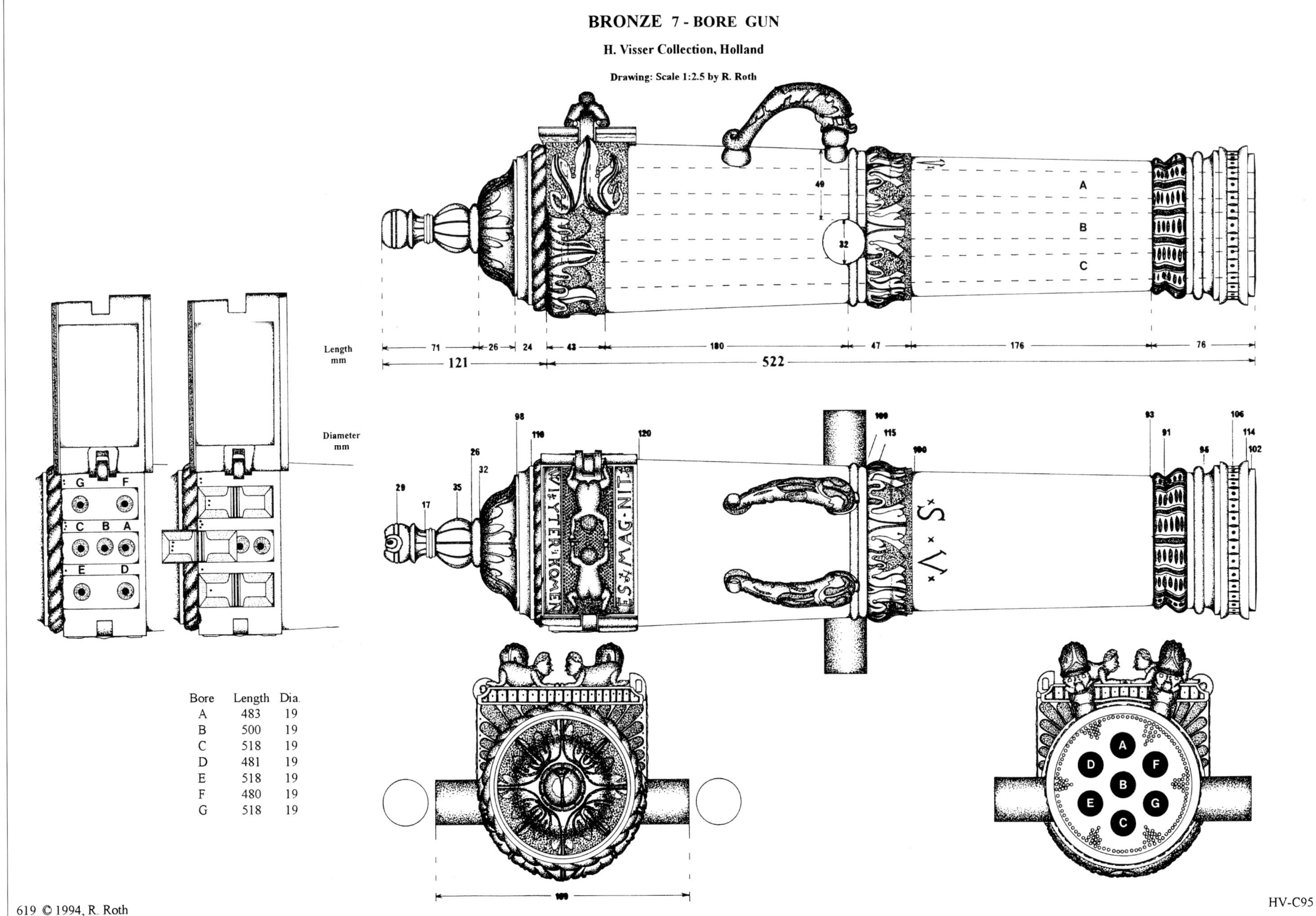

Bore	Length	Dia.
A	483	19
B	500	19
C	518	19
D	481	19
E	518	19
F	480	19
G	518	19

Osmanische Mehrkanalkanonen 18. Jahrhundert

Weitere Beispiele für Mehrkanalkanonen sind die zwei gezeigten Stücke, die unter osmanischer Regie hergestellt wurden. Das obere Bronzerohr – es wurde 1830 von französischen Truppen in Algier erbeutet – hat einen zentralen Schusskanal mit einem Kaliber von 130 mm und acht Schusskanäle mit einem Kaliber von 75 mm. Jeder Schusskanal konnte separat gezündet werden. Das rechte Rohr, ebenfalls mit einem zentralen Schusskanal – Kaliber 167 mm –, hat rundherum 10 Schusskanäle mit einem Kaliber von 72 mm. Die Rohrlänge des Letzteren beträgt 1520 mm. Generell setzten sich solche Waffen wegen des langwierigen Ladevorgangs jedoch nicht durch.

Das Rohr der Dreikanal-Kanone in der Sammlung des Artilleriemuseums in St. Petersburg. *Foto: Autor*

Russische Dreikanal-Kanone 2. Hälfte 17. Jahrhundert

Die im Russischen als »Regimentskanone« bezeichnete Waffe wurde vom Gießmeister Ivan Falk gegossen. Die drei Schusskanäle im Bronzerohr haben ein Kaliber von 65 mm. Jeder Schusskanal konnte am Stoßboden einzeln gezündet werden. Das 2240 mm lange Rohr wiegt 974 kg. Von diesem Modell sollen mehrere Stücke gegossen worden sein.

Oben: Die im Musée de l'Armée in Paris gezeigte Mehrkanalkanone wurde 1830 von französischen Truppen in Algier erbeutet.
Rechts: Eine mit 11 Schusskanälen erhalten gebliebene Kanone im Militärmuseum von Istanbul. *Fotos: Autor*

Russisches 3-Pfünder-Mörserbatterie-Geschütz

Mehrere Rohre auf einem drehbaren Radkranz anzuordnen wurde mehrfach versucht, jedoch nicht in einer Anzahl von 44 Rohren (!). Das von A.K. Nartov 1754 entwickelte Geschütz stellt durchaus eine originelle Idee dar. Die kleinen Bronzerohre haben ein Kaliber von 76 mm, jedes Rohr ist 230 mm lang. Immer 5 oder 6 Rohre bildeten eine Gruppe und konnten über einen abdeckbaren Zündkanal gezündet werden. Während ein Kanonier abfeuerte, luden andere die leer geschossenen Rohre nach und drehten den Radkranz zum erneuten Abfeuern. Zum Höhenrichten befand sich am Ende des Lafettenholms eine vertikale Spindel, so dass mit der ganzen Lafette gerichtet wurde. Es ist nicht bekannt, ob von diesem Geschütz mehrere Exemplare hergestellt wurden.

Oben: Das Mörserbatterie-Geschütz von Nartov im Artilleriemuseum von St. Petersburg. *Foto: Autor*
Links: Abb. aus Museumskatalog.

Geschütze der Feldartillerie bis ca. 1870

Schmiedeeiserne Feldschlangen um 1420

Die im Museum von La Neuveville in der Schweiz gezeigten Feldschlangen gehören zur so genannten »Burgunderbeute« aus dem Jahre 1476. Sie und etwa 200 andere Geschütze verschiedener Typen wurden durch die Schweizer Armee in der Schlacht bei Murten von dem burgundischen Heer unter Karl dem Kühnen erbeutet.

Das Rohr der oberen Waffe ist als gekammerter Vorderlader mit Steinschloss und ohne Schildzapfen gebaut worden (Kaliber 70 mm, Rohrlänge 1593 mm). Die untere Waffe war ursprünglich ein Hinterlader, wurde jedoch um 1470 zum Vorderlader mit Schildzapfen für eine Feldlafette umgebaut.

Das Kaliber dieses Rohres beträgt 72 mm, die Rohrlänge 2076 mm.

Die Feldschlangen im Museum von La Neuveville.

Fotos: Nr. 9 + 10 Roth

Die Feldschlange auf dem Plateau des Schlosses Wernigerode. *Foto: Schloss Wernigerode*

Sächsische Feldschlange »Schöne Treiberin«

Die auf dem Plateau des Schlosses von Wernigerode aufgestellte Bronzekanone – genannt »Schöne Treiberin« – wurde 1521 in Eisleben gegossen (vermutlich von Dominicus Drunck). Sie war ein Geschenk des sächsischen Herzogs Georg (1500–1539) an den Grafen Botho von Stollberg-Wernigerode. Wie des Öfteren, auf solchen als Geschenk gedachten Geschützen üblich, sind auch hier das herzoglich-sächsische Wappen und das Familienwappen des Grafen Botho und seiner Gemahlin Anna von Eppstein-Königstein gestaltet. Das Bodenstück ist als Löwenkopf ausgebildet. Mit einem Kaliber von 90 mm entspricht die Feldschlange etwa den späteren 6-Pfündern. Um diese und eine weitere kleine Feldschlange im Dreißigjährigen Krieg nicht in die Hände marodierender Truppen fallen zu lassen, waren sie in einer Mauernische vergraben worden. Erst 1864 entdeckte man beide Geschützrohre bei Restaurationsarbeiten am Schloss.

Unten: Die Wappengestaltung auf dem Bronzerohr. *Foto: Autor*

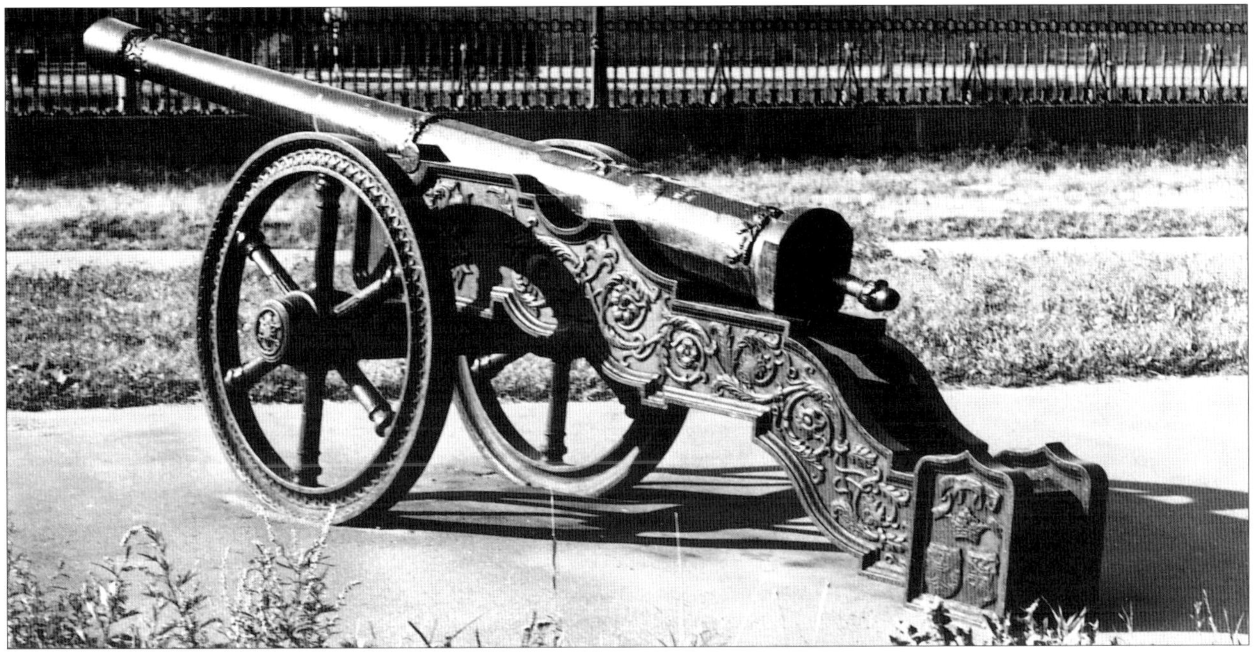

Die russische 3-Pfünder-FK vor dem Artilleriemuseum in St. Petersburg. *Foto: Autor*

Russische 3-Pfünder-Feldkanone 1550

Im Unterschied zu Bezeichnungen für frühe Feldgeschütze in westeuropäischen Ländern wie Feldschlangen, Falkonett, Basilisk o.Ä. benannte man in Russland gleichartige Feldgeschütze bereits als »Kanone« (Pushka). Ein Beispiel für frühe russische Feldgeschütze ist die vor dem Artilleriemuseum in St. Petersburg aufgestellte 3-Pfünder-Kanone aus dem Jahre 1550.

Das Bronzerohr mit einem Kaliber von 76 mm hat eine Gesamtlänge von 3580 mm. Das Rohr wiegt 921 kg. Die Schmucklafette wurde erst um 1850 angefertigt.

Deutsches Falkonett aus Ulm 1597

In der Waffensammlung der Wartburg befindet sich neben anderen interessanten Stücken auch ein bronzenes Falkonett mit einer ausdrucksvollen, künstlerischen Gestaltung. Hinter der Rohrmündung findet man einen zweifachen Kranz mit Masken und Akanthusblättern.

Drei weitere Rundfriese mit Akanthusblättern, hier nur auf der oberen Hälfte des Rohres, schmücken das Mittelfeld und das Hinterstück. Als Henkel wurden Seepferde gestaltet, während die Handhabe am Stoßboden einen Delphin darstellt. Auf dem hinteren Feld befindet sich ein geviertes Wappen und ein Schriftband mit den Buchstaben C F Z B (steht für Conrad Freiherrr zu Bemelburg). Eine Kartusche mit Reliefschrift auf dem langen Feld gibt an: »Wolff Neidhartt in Ulm guss mich anno 1597.« Kurz darüber auch der geschirrte Falke, der diesem Geschütztyp den Namen gab. Das Rohr mit einem Kaliber von 61 mm hat eine Gesamtlänge von 2110 mm. Der größte Durchmesser am Stoßboden beträgt 220 mm. Das Falkonett war im Dreißigjährigen Krieg eine Beute schwedischer Truppen. Wie oft praktiziert, hat man 1647/48 hinter den Henkeln den Namen des schwedischen Generals CARL GVSTAV WRANGEL als neuen Besitzer eingemeißelt. Wie das Geschütz auf die Wartburg kam, ist bis heute noch ungeklärt.

Hinterstück mit Wappen und eingemeißelter Inschrift. Waffensammlung Wartburg. *Fotos: H.J. Mehl*

Das Falkonett in einer Feldlafette.

Zeichnung einer von George von Guntenheim 1514 in Strasbourg für die Stadt Basel gegossenen Doppelschlange (Basilisk)

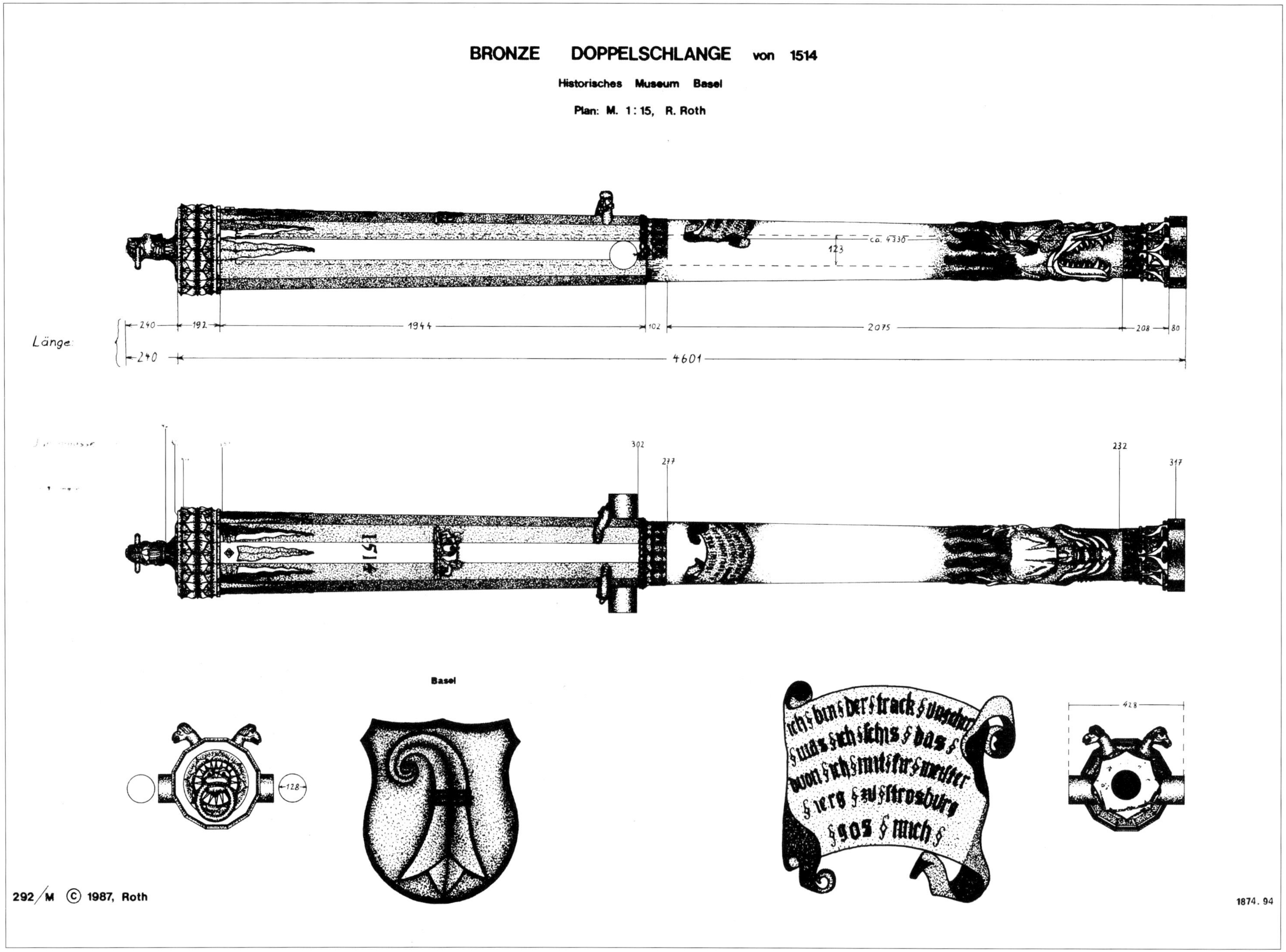

Der Minion Drake auf einer Präsentationslafette. Inv.-Nr. BGM-2
Foto: Nr. 492 Roth

Englischer Minion Drake ordinary 1640

Das Bronzerohr dieses 3-Pfünder-Minion Drake, klein, wurde 1640 von John Browne im Auftrag des englischen Königs Karl I. (Charles I., 1625–1649) gegossen. Das während des englischen Bürgerkrieges als Feldkanone verwendete Geschütz hat ein Kaliber von 75 mm.

Die Rohrlänge beträgt 847 + 140 = 987 mm. Das Rohr wiegt 98 kg (1-3-19). Auf dem mittleren Feld ist das Rohr mit dem gekrönten Wappen und daneben gesetzten Buchstaben C und R verziert (Charles Rex). Darunter findet man für den Master General die Inschrift MOVNTIOY EARLE OF NEWPORT MR GENERALE OF THE ORDNANCE. Das hier auf einer Präsentationslafette gezeigte Geschütz steht heute im Guilghall Museum in Boston, Großbritannien.

Holländische 16-Pfd.-Haubitze Mod. 1693

Die im Armeemuseum von Delft gezeigte Haubitze gehörte um 1700 zur Feldartillerie der Vereinigten Provinzen von Holland. Das Bronzerohr mit einem Kaliber von 208 mm wurde 1694 von Niepoort in Den Haag gegossen (Lafette rekonstruiert). Die Rohrlänge beträgt hier 928 + 188 = 1116 mm. Das Rohr wiegt 486 kg.

Die holländische Haubitze im Armeemuseum von Delft. *Foto: Nr. 408 Roth*

Dänische 3-punds-Feldkanone M 1748 in Schlittenlafette

Bronzene 3-punds-Vorderladerrohre des Modells »Harboe« wurden bei den norwegischen Kontingenten des dänischen Heeres mehrfach auch in Schlittenlafetten eingelegt. Den klimatischen Verhältnissen angepasst, war so auch der Einsatz von Regimentsgeschützen im oft verschneiten Gelände möglich. Das Kaliber dieses Rohres beträgt ebenfalls 78 mm. Auch dieses Rohr ist mit Elefantenhenkeln versehen. Die Schlittenlafette wurde 1758 hergestellt. Im hinteren Kastenteil der Lafette konnte zugleich Munition mitgeführt werden. Im Siebenjährigen Krieg waren solche Geschütze auch bei einem norwegischen 10000-Mann-Heer an der schleswig-holsteinischen Grenze im Einsatz (Grenzwachen).

Eine 3-punds-Schlittenkanone im Museum von Kongsvinger in Norwegen. *Foto: Meyer*

Preußische 12-Pfünder-schwere-Feldkanone M. 1761

Das Bronzerohr des schweren 12-Pfünders wurde 1780 als verbessertes Modell »Dieskau 1761« gegossen. Das Kaliber des auch als »Brummer« bezeichneten Geschützes beträgt 120 mm (Rohrlänge 1385 mm). Das als ordinärer 12-Pfünder gegossene Rohr hat zwei als Adler gestaltete Henkel. Auf dem langen Feld ist der preußische Adler mit Schwert und Blitzbündel in den Fängen sowie das Spruchband PRO GLORIA ET PATRIA dargestellt.

Das Bodenfeld zeigt die Buchstaben FR (FRIEDERICUS REX) für den preußischen König Friedrich II. mit dem Spruchband ULTIMA RATIO REGIS (Das letzte Argument des Königs). Die hier gut erhaltene Originallafette ist mit einer Holzmannschen Richtmaschine mit Keil und Spindel ausgerüstet. Die Kernschussweite der 12-Pfünder betrug 800 Schritt, im Bogenschuss 4400 Schritt/45°. Mit Kartätschen wurde auf 400 bis 450 Schritt geschossen. Insgesamt sind vom Typ »Brummer« 122 Rohre in Berlin und in Breslau gegossen worden.

Der preußische 12-Pfünder im Musée de l'Armée in Paris. *Foto: Autor*

Russische ½-Pud-Schuvalov-Haubitze 1753

In Russland wurden die so genannten »Geheim-Haubitzen« mit ovalem Seelenquerschnitt 1752 vom General-Feldzeugmeister Graf P. Schuvalov entwickelt. Während in anderen Ländern, z.B. in Dänemark schon 1708, nur Experimentalgeschütze für Kartätschenfeuer hergestellt wurden, ließ man im Moskauer Arsenal 70 Rohre dieses Typs gießen und lieferte sie mit Feldlafetten an die Truppe aus. In der Schlacht bei Zorndorf (1758) erbeuteten die Preußen 20 dieser Haubitzen und brachten sie nach Berlin (Shirokorad). Eine Nachahmung wurde jedoch nicht empfohlen. Bei Kunersdorf (12. Aug. 1759) dagegen verursachten einige Schuvalov-Haubitzen mit Kartätschenfeuer bei den preußischen Truppen empfindliche Verluste. Das hier gezeigte Rohr der 1753 hergestellten Haubitze hat ein Kaliber von 95 x 207 mm (1758 dann 120 x 235 mm). Die Rohrlänge mit konischer Kammer beträgt 1620 mm. Neben Kartätschen – Schussweite mit 1800 gr Ladung 150 Saschen = 320 m – setzte man in Russland auch ovale Granaten mit 8 kg Gewicht ein. Generell setzten sich diese Geschütze jedoch nicht durch.

Rechts: Eine dänische 3-punds-Kanone mit ovalem Seelenquerschnitt aus dem Jahre 1708. Tøjhusmuséet Kopenhagen. Fotos: Autor

Eine Schuvalov-Haubitze im Artilleriemuseum in St. Petersburg.

Form- und Maßfestlegungen für Verzierungen und Insignien auf preußischen Geschützrohren von 1842

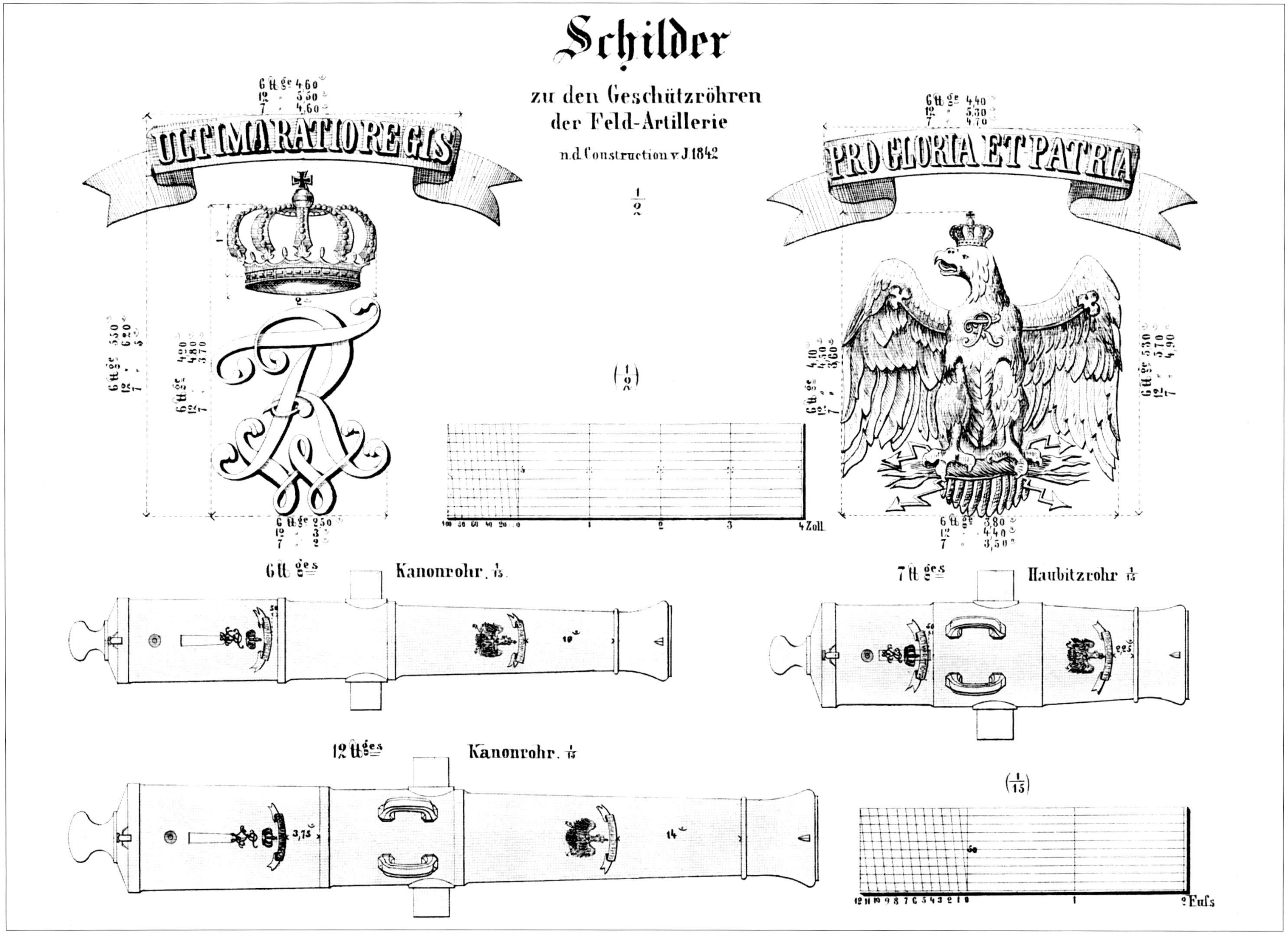

Französische 12-Pfd.-Feldkanone Mod. 1764

Um den dringenden Bedarf an Feldgeschützen für die »Grande Armée« zu decken, wurden auch ältere Modelle der »Canon de 12« nachgegossen. Die 1811 in Strasbourg gegossenen Bronzerohre erhielten den Namen »Le Drôle«. Das Kaliber der hier in einer Originallafette gezeigten FK beträgt 121mm. Auf dem Hinterstück ist das zu dieser Zeit übliche »N«, umrankt und mit Krone, für Kaiser Napoleon gestaltet.

Eine »Canon de 12« im Musée de l'Armée in Paris. *Foto: Autor*

Englische 5.6-inch-leichte-Haubitze 1782

Diese 5.6-inch-Haubitzen – Kaliber 143 mm – gehörten um 1780 bis 1820 zur englischen Feldartillerie. Das glatte Bronzerohr wurde 1782 von J. & P. Verbruggen in Woolwich gegossen. Das Rohr trägt das Monogramm des englischen Königs George III. sowie das Zeichen des Master-General of Ordnance. Unter der Handhabe ist bereits eine Höhenrichtspindel angebracht. Das Rohr hat eine Länge von 666 + 149 = 815 mm. Das Gewicht des Rohres beträgt 214 Kg.

Die englische 5.6-inch-Haubitze in der britischen Militärdienststelle Sennelager in Deutschland.
Foto: Nr. 521 Roth

Das ehem. Regiments-»Einhorn« in Festungslafette im Artilleriemuseum in St. Petersburg. *Foto: Autor*

Russisches 1/2-Pud-Regiments-»Einhorn«

Diese schwere Feldkanone gehörte ursprünglich zur Ausrüstung des Preobrashenski-Leibgarderegiments. Das Bronzerohr mit einem Kaliber von 160 mm wurde 1787 gegossen.

Das 1810 mm lange Rohr wiegt 692,4 kg. Die Höchstschussweite mit Vollkugeln soll rund 1500 m betragen haben. Das für die Feldartillerie sicher zu schwere Geschütz wurde später in eine Festungslafette eingelegt und gehörte ab 1820 zur russischen Festungsartillerie.

Seiten- und Rückansicht der 16-Pfd.-Haubitze. Armeemuseum Brüssel. *Fotos: Touzin*

Holländische 16-Pfd.-Haubitze Mod. 1787

Das einige Geschützmodelle über 100 Jahre lang nur geringfügig verändert immer wieder nachgegossen wurden, zeigt diese holländische 16-Pfd.-Feldhaubitze Mod. 1787 (vergleiche Mod. 1693). Das 1797 von Maritz in Den Haag gegossene Rohr hat hier eine Länge von 940 + 199 = 1139 mm. Das Rohrgewicht beträgt 529 kg.

Die gezeigten Vollkugeln dienen offensichtlich nur zur Demonstration der Munitionsarten und gehören nicht in jedem Fall zu dieser Haubitze.

Russische 1/4-Pud-Feldkanone 1805

Die abgebildete Feldkanone wurde 1805 im St. Petersburger Arsenal hergestellt. Mit einem Kaliber von 125 mm entsprach sie den westeuropäischen 12-Pfünder-Feldkanonen.

Die Rohrlänge beträgt 1530 mm, das Rohrgewicht 354 kg. Die Schussweite mit 2 Pfund Treibladungspulver betrug 627 Saschen = 1336 m. Verschossen wurden Vollkugeln und Kärtätschen (Kartätschen max. 600 m). Das Geschütz wurde mit Protze bespannt mit einem Viererzug gefahren. Zur Bedienung gehörten 8 Mann. Die Feldkanone war in den napoleonischen Kriegen ein Standardgeschütz der russischen Feldartillerie. In Winterfeldzügen wurde das Geschütz auf Schlittenkufen gefahren.

Die 1/4-Pud-Feldkanone im Artilleriemuseum in St. Petersburg. *Foto: Autor*

Französische 8-Pfd.-Feldkanone 1808

Die sehr gut erhaltene 8-Pfünder-Feldkanone wurde 1813 von preußischen Truppen bei Metz erbeutet (Einschlag auf Beschlägen der Lafette METZ 1813). Das leicht konische Bronzerohr mit einem Kaliber von 100 mm hat eine Länge von 1800 + 130 = 1930 mm (Rohr plus Handhabe). Auf dem langen Feld ist hinter dem ersten Ring ein Spruchband mit dem Namen LA MINERVE gestaltet. Die schlichten Henkel sind mehrkantig ausgeführt. Auf dem Hinterstück ist das für diese Zeit übliche »N« für Kaiser Napoleon, umrahmt von Eichen- (links) und Lorbeerblättern (rechts) mit darüber gesetzter Kaiserkrone gestaltet. Auf dem Bodenkranz findet man die Angaben über den Gießmeister und Gießort mit J. T. BERENGER DOUAY. 30. DECEMBRE 1808. Das Geschütz wurde später auf die Wartburg bei Eisenach verbracht, um hier als so genannte »Alarmkanone« das Entdecken von Waldbränden oder in Kriegszeiten das Heranrücken feindlicher Truppen zu signalisieren.

Oben: Die 8-Pfd.-FK auf der Wartburg bei Eisenach.
Unten links: Das Hinterstück mit kaiserlichem Zeichen (coat of arms).
Unten rechts: Laufmündung mit Kimme und Namensband LA MINERVE. Geschützsammlung der Wartburg-Stiftung.
Fotos: H.J. Mehl

Eine 6-Pfd.-Feldkanone M 1805 im Artilleriemuseum von St. Petersburg. Foto: Autor

Russische 6-Pfünder-Feldkanone M 1805

Die 6- und auch 12-Pfünder-FK waren um 1805 die Standardgeschütze der russischen Regimentsartillerie. Beim Eintritt Russlands in den napoleonischen Krieg verfügte die russische Armee über 11 Fußartillerieregimenter mit 88 Artilleriekompanien sowie 2 reitende Artilleriebataillone mit insgesamt 1200 Feldgeschützen (Shirokorad). Beim abgebildeten 6-Pfd.-Geschütz wurde das Bronzerohr 1806 im St. Petersburger Arsenal gegossen (Meister Shdanov). Das Kaliber des 1750 mm langen Rohres beträgt 95 mm. Die max. Schussweite mit einer Treibladung von 2 Pfund SP betrug 787 Saschen (1676 m). Auf Nahdistanz wurde mit Kartätschen geschossen. Am Geschütz der obligatorische Wassereimer zum Nasswischen des Rohres.

Französischer Munitionswagen um 1810

Während der Zeit der Napoleonischen Kriege wurden viele Geschütze noch mit einfachen Sattelprotzen ohne Munitionsvorrat gefahren. Der Munitionsbedarf für das 1. Schießen wie auch der Nachschub beim Vorrücken der Artillerie wurde auf speziell konstruierten Munitionswagen transportiert. Das Bild zeigt einen Wagentyp, wie er ähnlich auch in anderen Armeen vertreten war.

Ein französischer Munitionswagen im Musée de l'Armée in Paris. Foto: Autor

Eine 6-pds-FK M 1834 im Tøjhusmuseet in Kopenhagen. *Foto: Autor*

Sächsische 12-Pfünder-Feldkanone 1842

An den Kämpfen im Rahmen der Schleswig-Holsteinischen Erhebung im Jahre 1848 waren auch Truppenkontingente der deutschen Bundesstaaten beteiligt, zu denen auch Teile der sächsischen Brigade der reitenden Artillerie gehörten. Bei den Kämpfen um Sundeved und Dybbøl (Düppel) erbeuteten dänische Truppen bei einem Gegenangriff am 13. April 1849 eine sächsische Batterie mit 12-Pfd.-FK, von denen zwei heute in dänischen Museen zu sehen sind. Diese 12-Pfünder waren noch glatte Vorderlader mit Bronzerohr (Kaliber 12 cm).

Auf dem rechten Schildzapfen findet man die Prägung »12 PF. KL Nr. 6«, auf dem linken Schildzapfen »15 Ce. 1842« (Ce für Centner). Auf dem Hinterfeld sind die gekrönten Insignien FAR des sächsischen Königs Friedrich August II. gestaltet (1836–1854).

Dänische 6-punds-Feldkanone M 1834

Die dänischen 6-punds-FK – auch Kugelkanonen genannt – wurden 1834 im Rahmen eines ganzen Geschützsystems von Kapitan Jacob Scavenius Fibinger entwickelt (später General und Chef der dänischen Artillerie). Vorbild waren die 1813 bei Sehested erbeuteten englischen Belford-Kanonen. Fibinger optimierte die Geschütze und standardisierte Ausrüstungen und Zubehör sowohl bei den Geschützen wie auch bei den Munitionskolonnen. Die noch glatten Vorderlader hatten ein Kaliber von 90 mm. Mit 3-kg-Kugelsprenggeschossen erreichte man eine max. Schussweite von 1255 m (effektive Schussweite 600 m). Eine dänische leichte Feldbatterie umfasste sechs 6-pds-FK und zwei 12-pds-Granatkanonen. Geschütze dieser Typen waren 1848 an den Kämpfen während der Schleswig-Holsteinischen Erhebung wie auch im Deutsch-Dänischen Krieg 1864 beteiligt.

Oben: Die sächsische FK im Tøjhusmuseet in Kopenhagen.
Links: Herrscherinsignien FAR für FRIEDERICUS AUGUST REX. *Fotos: Autor*

Preußische 12-Pfünder-Feldkanone mit Bronzerohr nach der Konstruktion von 1842 Quelle: Sammlung preußischer Geschützzeichnungen

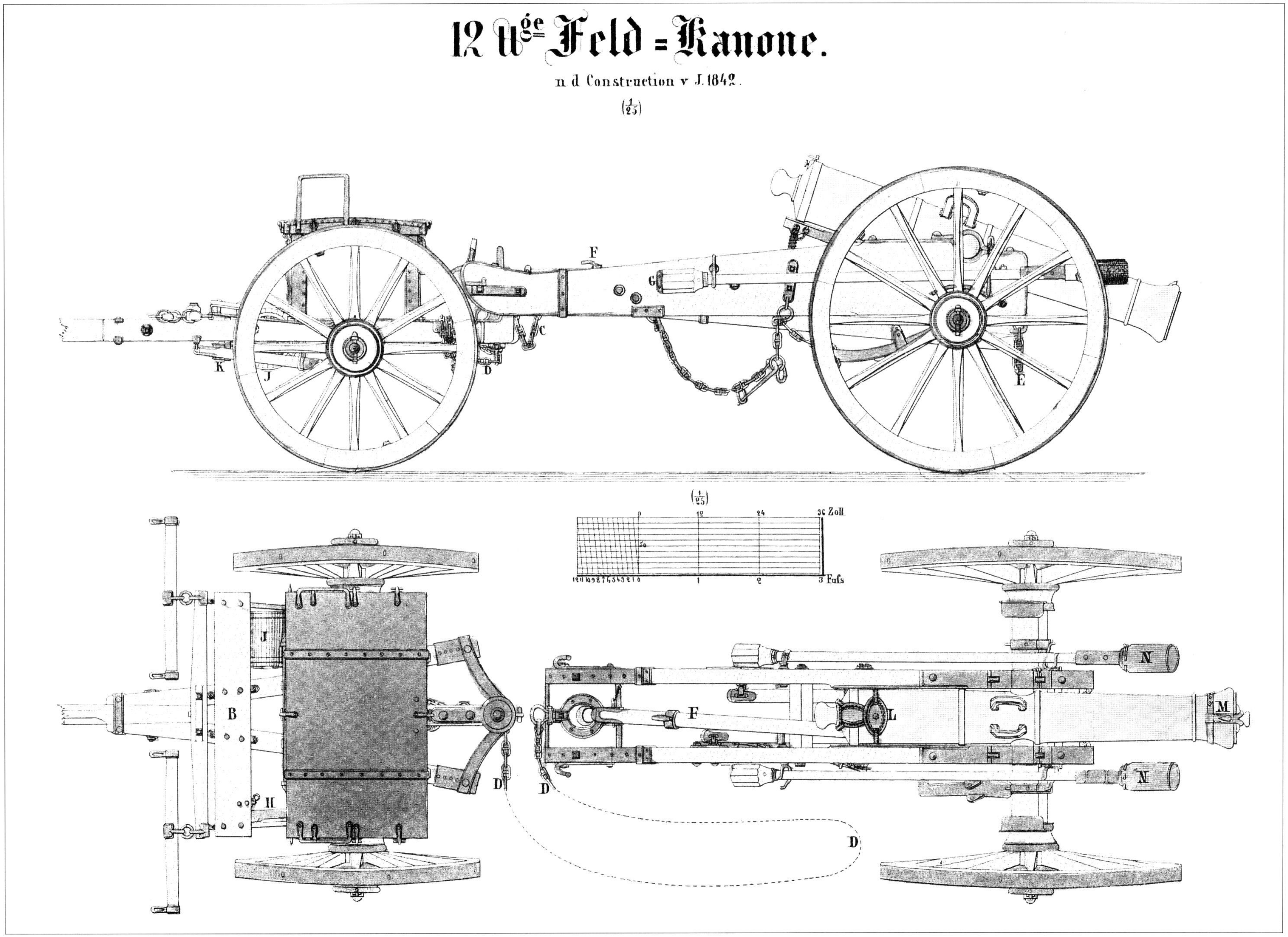

Die sächsische Haubitze im Museum für Deutsche Geschichte in Berlin. *Foto: Wachs*

Sächsische 7 1/2-Pfd.-Feldhaubitze 1845

Das 1220 mm lange Bronzerohr wurde 1845 von I. J. Grosse in Dresden gegossen. Auf dem Hinterstück befinden sich die verschlungenen Initialen FAR für FRIEDERICUS AUGUST REX, sächsischer König Fr. August II. von 1836 bis 1854. Das Kaliber der Haubitze beträgt 154 mm (Gewicht des Rohres 6 Ztr. und 32 Pfund). Das Rohr konnte bereits mit einer Richtmaschine mittels Kettenzug und Kurbel an der rechten Lafettenseite in der Höhe gerichtet werden. Am Stoßboden erkennt man auch eine Haltevorrichtung zum Anbringen eines Richtaufsatzes. Das Geschütz, aufgelegt auf eine Protze, wurde bespannt mit einem Viererzug gefahren.

Russische 12-Pfünder-Feldkanone M. 1850

Zu Beginn des Krimkrieges 1853 verfügte die russische Feldartillerie über 28 Artilleriebrigaden zu je 4 Batterien. Eine 5. Batterie stand bei jeder Brigade in Reserve. Die Batterien hatten zu dieser Zeit einen Sollbestand von 8 Geschützen (6- und 12-Pfd.-FK sowie Haubitzen). Neue 12-Pfünder – siehe Abbildung – wurden 1855 im Arsenal von St. Petersburg gegossen und in eine »erleichterte« Lafette eingelegt. Das Bronzerohr hat ein Kaliber von 120 mm (Rohrlänge 1750 mm). Die effektive Schussweite lag bei 1200 m. Die gezeigte FK gehörte zur 4. leichten Batterie der 17. Artilleriebrigade. Sie war im Krimkrieg im Einsatz und legte laut Batterietagebuch 3574 km zurück. Bekanntlich kam in diesem Krieg nur ein Bruchteil der russischen Feldartillerie zum Einsatz.

Die 12-Pfd.-FK M. 1850 im Artilleriemuseum von St. Petersburg. *Foto: Autor*

Eine 12-pdr-FK »Napoleon« in der Sammlung des U.S. Artillery Center in Fort Sill/Oklahoma. *Foto: Gnoerich*

Amerikanische 3-inch-Feldkanone 1861

Die gezogenen Vorderlader mit einem Kaliber von 76,2 mm wurden 1855 (Patent) von John Griffen entwickelt. Nach Erprobung von vier Versuchsgeschützen im Jahre 1861 wurde die Herstellung vom Federal Ordnance Department freigegeben. Haupthersteller war die Phönix Iron Company in Phönixville. Über 1000 fertig gestellte Geschütze waren im Bürgerkrieg hauptsächlich bei der Unions-Artillerie im Einsatz. Bei der bekannten Schlacht um Gettysburg waren 41% = 146 Geschütze dieses Typs im Einsatz (Thomas). Als Munition wurden 3-inch-Hotchkiss-Spr.-Gr. mit Perkussionszünder oder Zeitzünder verschossen (Granate 3,6 kg). Die max. Schussweite lag bei 1670 m. Die abgebildeten Geschütze gehörten zur 6th Wisconsin Ligth Artillery in der Schlacht bei Vicksburg.

Amerikanische 12-pdr-Feldkanone »Napoleon« M 1857

Die Urversion dieser 12-pdr-Glattrohrkanone wurde um 1850 in Frankreich entwickelt. Noch vor Ausbruch des amerikanischen Bürgerkrieges kopierte man 1857 dieses Modell und baute es in großen Stückzahlen nach. Während des Bürgerkrieges (1861–1865) war das Geschütz das »Arbeitspferd« der Feldartillerie bei der Nord- und Südstaatenarmee. Rund 40% aller eingesetzten Geschütze waren »Napoleons«. Auch während des Krieges wurde das Geschütz weitergebaut (Südstaatenversion ohne Mündungswulst). Das Bronzerohr mit einem Kaliber von 117,4 mm hatte eine Länge von 1676,4 mm (Gewicht 552 kg). Verschossen wurden Vollkugeln, Sprengkugeln mit Zeitzünder und Schrapnellbüchsen (canister). Die effektive Schussweite mit Spr.-Kugeln (3,6 kg, Ladung 1,12 kg) lag bei 1470 m/5°.

Die 3-inch-Ordnance-Rifle im Vicksburg National Military Park. *Foto: National Park*

Holländische 4-Pfünder-Feldkanone Mod. 1861

Die bronzenen Rohre für Feldkanonen wurden ursprünglich als leichte 6-Pfünder mit glattem Rohr 1842/43 von Maritz in Den Haag gegossen. 1861 wurden solche Geschütze zu gezogenen Vorderladern umgebaut. Das Kaliber betrug nun 86 mm. Die Länge dieses Rohres kommt auf 1456 + 177 = 1633 mm (Rohrgewicht 339 kg). Noch in hölzernen Wandlafetten verfügten die Geschütze über eine Höhenrichtspindel. Auf dem Hinterstück wurde das Wappen des Königs der Niederlande, Wilhelm III., gestaltet.

Rechts: Die 4-Pfünder-FK im Armeemuseum von Delft. Foto: Nr. 555 Roth

Die »Canon de 6« im Musée de l'Armée in Paris. *Foto: Autor*

Französische 6-Pfünder-Regimentskanone 1862

Die als »Canon de 6« bezeichnete Infanteriekanone wurde 1862 in Toulouse hergestellt. Das gezogene Bronzerohr hat ein Kaliber von 90 mm. Hinter der Mündung zeigt ein Spruchband den Seriennamen »LE TETULANT«. Auf dem hinteren Feld ist das umrankte »N« als Zeichen für Kaiser Napoleon III. gestaltet (Zweites Kaiserreich). Der Vorderlader besitzt unter der Handhabe eine Höhenrichtspindel. Das mit vergleichsweise kleinen Rädern ausgestattete Geschütz wurde im Feld meistens im Mannschaftszug, auf dem Marsch im Tandemzug bewegt. Auch der Einsatz als Gebirgsgeschütz wird erwähnt.

Preußische 25-Pfünder-Haubitze in Belagerungslafette 1832

Quelle: Sammlung preußischer Geschützzeichnungen

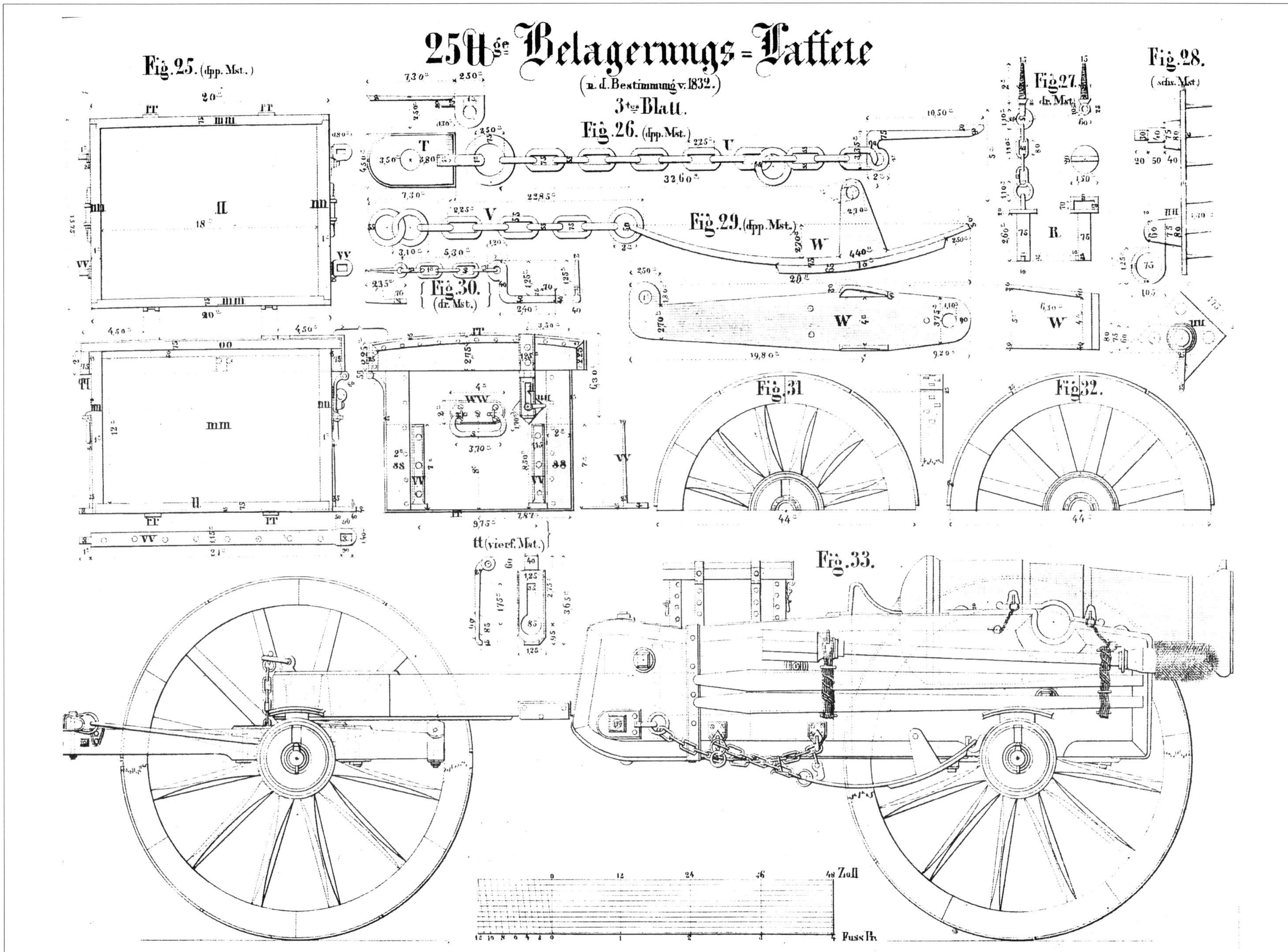

Amerikanische 10-pdr-Feldkanone Parrot M. 1863

Unmittelbar nach seinem 10-pdr-Vorderlader M. 61 mit einem Kaliber von 73,6 mm entwarf Robert P. Parrot eine vergrößerte 10-pdr-FK mit einem Kaliber von 76,2 mm. Eine Besonderheit der bei der West Point Foundry in Cold Spring hergestellten Geschütze war die erstmalig über der Kammer aufgezogene Mantelhülse. Selbige wurde aus Bandstahl gewickelt und geschmiedet und dann rot-warm aufgezogen. Das Innenrohr wurde bei dieser Prozedur mit Wasser gekühlt. So erzielte Parrot eine Vorspannung, die das Rohr beim Abfeuern entlastete. Die Rohrlänge der 10-Pounder betrug 1981 mm (Gewicht 400 kg). Im Unterschied zur »Napoleon« verschossen die Parrot-Geschütze bereits 5,05-kg-Spr.-Gr. mit einer effektiven Schussweite von 1820 m/5° (Spr.-Ladung 0,45 kg). Neben der 10-pdr-FK wurden noch eine 20-pdr-FK sowie großkalibrige Küstengeschütze von Parrot eingeführt (100, 200 und 300 pdr). Die Parrot-Feldkanone wurde ebenfalls von den Südstaaten kopiert.

Eine 10-pdr-FK im Nationalmuseum für amerikanische Geschichte in Washington, D.C. *Foto: Autor*

Amerikanische 6-pdr-Feldkanone M. 1841

Die 6-pdr-FK, Kaliber 93 mm, war eine von mehreren 6-pdr-leichten-FK, die ab 1850 für reitende Artilleriebrigaden bereitgestellt wurde. Das Bronzerohr hat eine Länge von 1524 mm (Gewicht 397 kg). Verschossen wurden Vollkugeln, Sprengkugeln mit Bormann-Zünder und Kartätschen (canister 5,62 kg). Mit einer Vollkugel von 2,7 kg wurde eine Schussweite von 1385 m/5° erzielt. Das Geschütz entsprach schon bald nicht mehr den Anforderungen und wurde durch 12-pdr »Napoleons« und 3-inch-Geschütze ersetzt. Einige wurden zu gezogenen Rohrwaffen umgebaut, bei anderen wurde das Rohr verkürzt und auf 12 cm aufgebohrt (kurzer 12-pounder). Im amerikanischen Bürgerkrieg waren nur noch wenige Geschütze dieses Typs im Einsatz.

Eine 6-pdr-FK M. 1841 im National Museum für amerikanische Geschichte in Washington, D.C. *Foto: Autor*

Festungsgeschütze bis ca. 1870

Sächsischer 6-Pfünder in Depressionslafette

Glatte und gezogene Vorderlader in Depressionslafetten kamen vornehmlich auf sehr hoch angelegten Festungen mit steilen Felswänden zum Einsatz. Das abgebildete Geschütz in rekonstruierter Lafette wurde Anfang des 19. Jahrhunderts auf der sächsischen Festung Königstein aufgestellt. Zwei weitere Geschütze kamen 1825 auf der Nordseite der Festung hinzu. Das Bronzerohr mit einem Kaliber von 90 mm wurde 1812 von Friedrich August Otto in Dresden gegossen. Ein Bericht der sächsischen Festungsartillerie gibt darüber Auskunft, dass mit einem Geschütz ein Dauertest mit 533 Schuss unter Depressionswinkel von –7° bis –40° nicht nur die Festigkeit der Lafette nachwies, sondern auch gute Treffergebnisse erzielt wurden. Die heutige Lafette mit Richtblock und Seilzugtrommel wurde von Mitarbeitern des Armeemuseums der DDR – heute Militärhistorisches Museum der Bundeswehr – aufwendig nach Originalteilen und mit original Eisenbeschlägen rekonstruiert.

Englischer 12-pdr-Vorderlader in Depressionslafette 1782

Die im September 1990 in Gibraltar aufgestellte 12-pounder-Vorderladerkanone in Depressionslafette soll an die Kämpfe und Leistungen des »Royal Regiment of Artillery on the Rock of Gibraltar« von 1704 bis 1990 erinnern.
Die nach Originalunterlagen von einem Master Gunner nachgebaute Lafette wurde 1782 von Lieutenant George F. Koehler konstruiert und eingeführt. Sie ermöglichte das Schießen mit großen Depressionswinkeln bis –60° aus der hoch gelegenen Höhlenbatterie in der St. Georg's Hall. Sowohl 12- wie auch 24-pdr-Geschütze in Depressionslafette waren ab 1782 an der Abwehr der spanischen Angriffe während der »Großen Belagerung« von 1779 bis 1783 beteiligt.

Das sächsische Festungsgeschütz in Depressionslafette kann heute auf der Festung Königstein besichtigt werden. *Foto: Archiv MHM Dresden*

Zur Erinnerung aufgestellter 12-pdr in Depressionslafette im Zentrum von Gibraltar. *Foto: Autor*

Englischer 24-pdr-Blomefield-Iron-Pattern 1796

Die am Memorial und Museum von »John Cryler's farm« am St. Lawrence River aufgestellten Geschütze in vereinfachter Festungslafette erinnern an die hier am 11. November 1813 stattgefundene Schlacht zwischen amerikanischen und britischen Truppen im englisch-amerikanischen Krieg 1812/13. Die auf einer Anhöhe gelegene Farm war befestigt worden und mit mehreren 12- und 24-pounder-Vorderladergeschützen bestückt. Das gusseiserne Rohr des gezeigten Geschützes ist 1796 bei der Carron Company in Falkirk in Schottland hergestellt worden. Das Kaliber beträgt hier 148 mm, die Länge des Rohres 2904 + 261 = 3165 mm (Rohr-Nr. 63032). Mit den als Positionskanonen eingesetzten Geschützen wurden hauptsächlich Kartätschen auf Nahdistanz verschossen. Diese Carron-Rohre mit »Tulpenkopf«-Mündung kamen auch bei Schiffsgeschützen zum Einsatz.

Am Memorial »John Crysler's farm« aufgestellte 24-pdr-Kanone. *Foto: Autor*

Russische 30-Pfd.-Festungskanone 1802

Diese russische 30-Pfd.-Festungskanone wurde nach Beendigung des Krimkrieges von englisch-kanadischen Truppen als Kriegstrophäe mit nach Kanada genommen. Das gusseiserne Rohr mit einem Kaliber von 163 mm wurde 1802 im Aleksandrov-Werk gegossen. Die Rohrlänge beträgt 3282 mm, das Gewicht des Rohres 4128 kg (252 Pud). Das Rohr ist auf dem Mittelfeld mit dem doppelköpfigen Zarenadler und darüber gesetzter Zarenkrone verziert.

Der Zarenadler auf dem Mittelfeld des Rohres (Rohr ohne Henkel).

Die russische 30-Pfd.-Kanone im Zentrum von Montreal. Fotos: Autor

32-pdr-Carronade im Fort Henry in Kingston/Kanada. Foto: Autor

Englische 32-pdr-Carronade in Festungslafette um 1800

Obwohl eigentlich für die Schiffsbewaffnung entwickelt, wurden Carronaden mit unterschiedlichen Kalibern auch bei der englischen Festungsartillerie (garrison artillery) eingesetzt. Wie bei den meisten Schiffsgeschützen sind die Rohre mittels angegossener Ösen, Lagerböcken und Querbolzen auf eine Art Standardlafette gelagert. Die im Fort Henry in Kingston/Kanada gezeigte Waffe mit einem Kaliber von 160 mm hat zwar ebenfalls eine angegossene Gewindemuffe für eine Richtspindel, wird aber hier nur mit einem Richtkeil gezeigt. Die Rohrlänge beträgt 1220 + 394 = 1614 mm. Das Rohr wiegt rund 883 kg (17-1-17).

Englische 24-pdr-Belagerungs-/ Festungskanone 1748

Das Bronzerohr der 24-pounder-Kanone – Kaliber 148 mm – wurde 1748 von A. Schalch in Woolwich gegossen. Geschütze dieser Art gehörten von ca. 1730 bis 1810 auf hölzernen Wandlafetten zur englischen Belagerungsartillerie. Später wurden solche Geschütze auch zur Festungsartillerie überstellt. Die Rohrlänge beträgt hier 2907 + 277 = 3184 mm. Das Rohr kommt auf ein Gewicht von 2578 kg (50-2-24). Das Rohr ist mit Delphinhenkeln versehen. Auf dem hinteren Feld sind die gekrönten Insignien des englischen Königs Georg II. gestaltet. Das Rohr wird hier auf einer später gefertigten gusseisernen Festungslafette gezeigt.

Rechts: Die 24-pdr-Belagerungskanone im Artilleriemuseum in Woolwich.
Foto: Nr. 50 Roth

Holländische 6-Pfünder-Positionskanone 1818

Diese lange 6-Pfünder-Kanone wurde sowohl als Positionsgeschütz wie auch bei der Festungsartillerie eingesetzt. Das 1818 in Luik (Liège) gegossene Bronzerohr hat ein Kaliber von 96 mm. Das Rohrgewicht beträgt 765 kg. Das für sein Kaliber relativ schwere Geschütz wurde im Feld bespannt mit einem Sechserzug gefahren. Die Höchstschussweite mit Vollkugeln betrug rund 1600 m.

Links: Die 6-Pfd.-Positionskanone im Armeemuseum in Brüssel
Foto: Touzin

Das 8-inch-Festungsgeschütz im englischen Falmoth Castle.
Foto: Nr. 440 Roth

Englische 7-inch-Festungskanone Armstrong 1867

Das als letztes auf der King's Bastion in der Citadelle von Quebec aufgestellte Geschütz ist für Rundumfeuer eingerichtet. Die Rohrwaffe mit einem Kaliber von 178 mm wurde 1867 von S.W.C. Armstrong & Co. hergestellt. Das Höhenrichten erfolgte über Zahnräderantrieb und Zahnbogen, die Seite nahm man mit Manneskraft. Der Rücklauf des Geschützes auf dem Unterrahmen wurde bereits mit einer einstellbaren Lamellenbremse verzögert.

Englisches 8-inch-Granatgeschütz 1860

Das im englischen Falmoth Castle gezeigte Geschütz auf einer rekonstruierten Traverse-Lafette ist ein typischer Vertreter englischer Festungs- und Küstengeschütze, wie man sie auch in anderen Festungen und Zitadellen antrifft. Das gusseiserne Rohr mit einem Kaliber von 205 mm wurde 1860 nach dem Millar-Design von Walker & Co. gegossen. Bei einer Rohrlänge von 2750 + 369 = 3119 mm kommt das Rohr auf ein Gewicht von 3324 kg. Geschütze dieses Typs waren auch als Belagerungskanonen im Krimkrieg im Einsatz.

Die 7-inch-Kanone in der Citadelle von Quebec/Kanada. *Foto: Autor*

Englischer 64-pdr-58-cwt-Vorderlader 1873

Zum Ersatz der früher in der Princess Caroline's Batterry in der Festung Gibraltar aufgestellten 12- und 24-pounder-Vorderlader-Glattrohrgeschütze in Depressionslafette wurden ab 1886 neue, gezogene Vorderlader in Depressionslafette zugeführt. 1888 verfügte die in den Felsenhallen aufgestellte Batterie über zehn dieser Geschütze. Die jetzt stählerne Lafette mit mechanischem Höhenrichtantrieb für Depressionswinkel bis –60° wurden speziell für Gibraltar hergestellt. Die von der Royal Gun Factory hergestellten Rohrwaffen haben ein Kaliber von 160 mm (6.3 inch, 3 Züge). Die Rohrlänge beträgt 2884 + 346 = 3230 mm. Mit einer 28,8-kg-Spr.-Gr. wurde eine max. Schussweite von 3270 m erreicht. Die Batterie blieb bis 1904 im Dienst.

Rechts:
Die 64-pdr-Kanone Nr. 327 von 1874 am Eingang zur Windsor Gallerie auf der Festung Gibraltar.
Foto: Autor

Englischer 9-inch-Vorderlader Fraser/Armstrong 1872

Die Prince of Wales' Bastion der Citadelle von Quebec ist mit einer gezogenen 9-inch-Kanone auf einer stählernen Schlittenlafette bestückt. Das 1872 von der Royal Gun Factory hergestellte Rohr mit der Nr. 587 hat sechs Züge und ein Kaliber von 228 mm. Die Länge des Rohres beträgt 3496 + 472 = 3968 mm. Das Geschütz kann in der Höhe über zwei Zahnbögen, nach der Seite über ein Vorgelegegetriebe mechanisch gerichtet werden. Das Laden erfolgte bei zurückgelaufenem Geschütz mittels zweier Kranarme. Die max. Schussweite mit Hartgussgranaten betrug 5500 m.

Oben: Die 9-inch-Kanone in der Citadelle von Quebec. *Fotos : Autor*

Links:
Hintere Ansicht des Geschützes.

Englisches 9-inch Festungsgeschütz von 1873 mit hydraulisch gebremstem Rücklauf der Oberlafette

Quelle: Treatise on military carriages

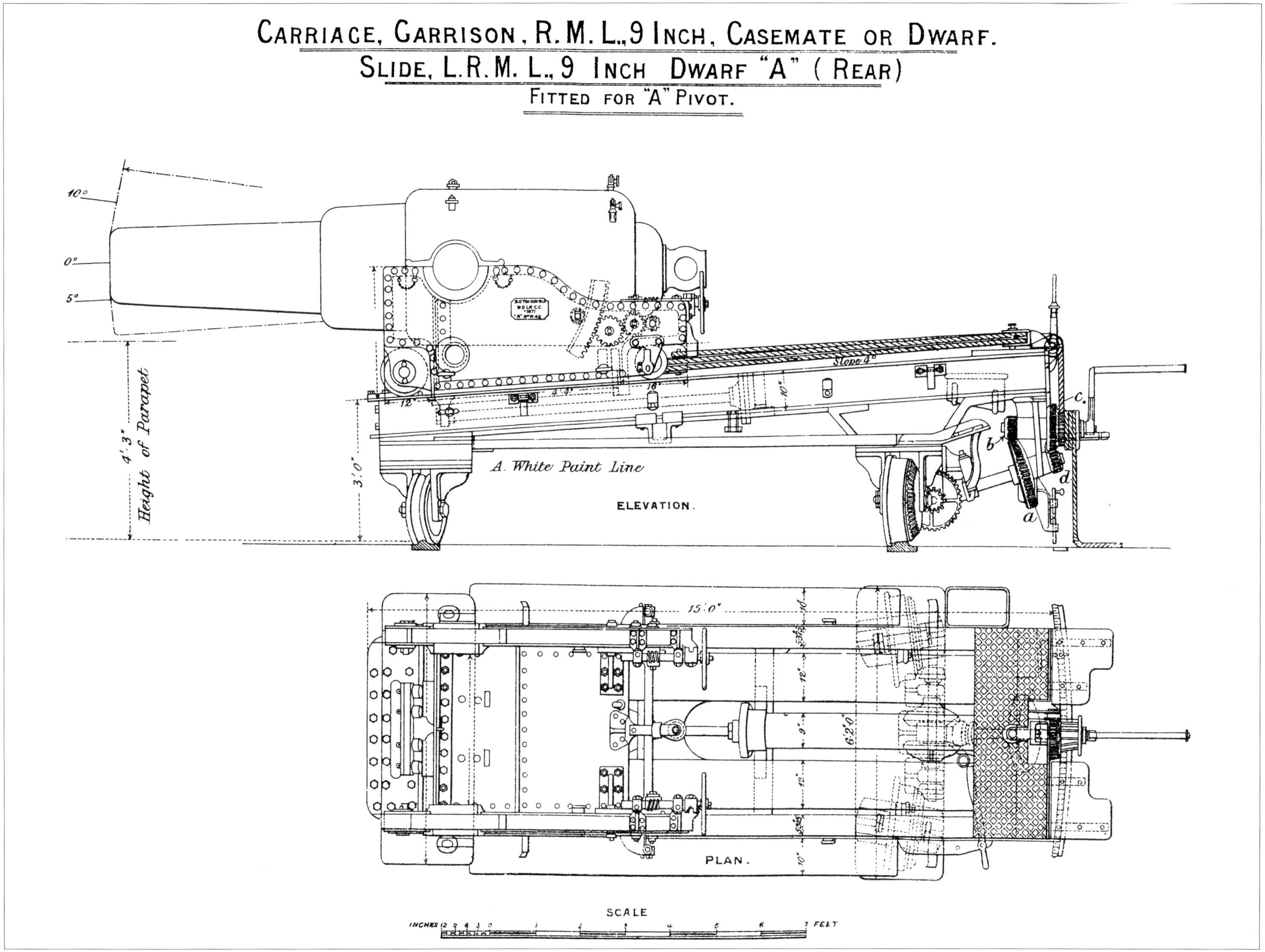

Sächsische 60- und 48-Pfünder-Festungsmörser

Die im Alten Zeughaus der Festung Königstein gezeigten Bronzemörser gehörten um 1780 zur sächsischen Festungs- und Belagerungsartillerie des Kurfürstentums Sachsen. Der im Vordergrund stehende 60-Pfd.-Mörser wurde 1775 gegossen. Sein Kaliber beträgt 302 mm (im Hintergrund 48-Pfd.-Mörser, Kaliber 283 mm). Beide Mörserrohre sind mit Delphinhenkel versehen und zeigen auf dem Lager die Initialen FA mit darüber gesetztem Kurhut für FRIEDERICUS AUGUST. Für den 48-Pfd.-Mörser, gegossen 1877, werden folgende Schussdaten genannt: Mit 31° Erhöhung und einer Treibladung von 2,7 kg SP wurde eine 47,6-kg-Mörserbombe (Sprengladung 3,8 kg) rund 780 m weit geworfen.

Die beiden Mörser im Alten Zeughaus der Festung Königstein.
Foto: Thiede

Die schwere Bronzehaubitze im Musée de l'Armée in Paris. *Foto: Autor*

Französische 9-pouces-Belagerungshaubitze 1810

Die im Musée de l'Armée in Paris ausgestellte Canon-obusier »Villantroys« ist ein weiteres Beispiel für die Odyssee so mancher Kriegstrophäe. 1810 in Duai gegossen, waren solche 250-mm-Haubitzen 1813 noch bei den Kämpfen vor Lüttich und Seville beteiligt. Nach dem Sieg der Alliierten von preußischen Truppen erbeutet, wurden zwei dieser Haubitzen als Beute in das Arsenal von Berlin verbracht. Eine auf dem vorderen Feld fein säuberlich mit kyrillischen Buchstaben und Sowjetstern eingemeißelte Inschrift gibt Auskunft, dass diese Haubitzen am 11. Mai 1945 von den russischen Gefreiten Ivan C. Nepropretovsk und D.L. Fulenko in Berlin »erbeutet« wurden. Nach dem Einzug der Westalliierten in Berlin wurden beide Haubitzen durch die Franzosen flugs wieder nach Paris zurücktransportiert.

Die Belagerungsmörser C 40 in einer Sonderausstellung in der Zitadelle von Spandau, 1998. *Foto: Autor*

Preußische 25-Pfünder-Belagerungsmörser C 40

Die gusseisernen 25-Pfünder-Mörser waren die letzten glatten Vorderlader, die für die preußische Festungs- und Belagerungsartillerie beschafft wurden. Beide Mörser wurden 1864 nach der Konstruktion von 1840 in der Geschützgießerei in Spandau hergestellt. Das Kaliber beträgt 210 mm. Verschossen wurden 23 kg schwere Bomben. Die Grundplatte hat die Abmessungen 1400 x 900 mm. Diese Mörser wurden erst mit der Einführung der Hinterladermörser C 82 außer Dienst genommen.

Rechts: Der 10-inch-Mörser im Fort Henry in Kingston.
Rechts oben: Die »Bereitschaftsmunition« des Mörsers.
Fotos: Autor

Englischer 10-inch-Festungs- und Belagerungsmörser 1856

Englische 8-, 10- und 13-inch-Mörser kamen häufig auch bei der Festungsartillerie zum Einsatz. Zugleich war ihr Abtransport und Einsatz in einem Belagerungspark möglich. Der im kanadischen Fort Henry in Kingston gezeigte Mörser mit der Nr. 56 hat ein Kaliber von 252 mm. Interessant ist, das bei mehreren dieser Mörser im hinteren Teil der Grundplatte Schießangaben eingraviert sind. Hier z.B. »Great Ch. 2.0 lb, Ra 2400 Yards« (Größte Ladung 0,9 kg, Reichweite 2184 m).

Eine Batterie 12-pounder »Napoleons« der Unionsartillerie aus der Zeit des Amerikanischen Bürgerkrieges im Vicksburg Military National Park, USA. *Foto: Wheatly*

Die »Meißner Strebekatte« auf der Festung Akerhus in Oslo. *Foto: Aune Verlag*

Sächsische 24-Pfd.-Bronzekanone »Meißner Strebekatte«

Die auf der Festung Akerhus in Oslo ausgestellte Bronzekanone war ein Geschenk des sächsischen Kurfürsten August (1533–1586) an Herzog Adolf von Holstein-Gottorp. Eine Information gibt an, dass das Geschenk als Dank für die Hilfe des dänischen Herzogs bei der Schlacht bei Grumbach gedacht war. Das von der berühmten Gießerdynastie der Hilgers – hier Martin Hilger d.Ä. – in Freiberg gegossene Rohr wurde 1596 vom Sohn des dänischen Herzogs Johan Adolf als Geschenk an den dänischen König Christian IV. übergeben. Von der Festung Båhus gelangte das Geschütz 1658 auf die Festung Akerhus und war hier 1716 an der Abwehr eines schwedischen Angriffs unter Carl XII. beteiligt (Nord-Escarpe). Nach »100 Jahren Dienst« fungierte sie noch bis 1870 als Salutkanone.

Russische 1-Pud-Bronzekanonen um 1600

Im Innenhof des schwedischen Schlosses Gripsholm kann man heute zwei Bronzekanonen bewundern, die vom Volksmund die Namen »Suggan och Galten« (Sau und Eber) erhielten. Tatsächlich handelt es sich jedoch hier um russische Kanonen, von denen eine 1581 in der Schlacht bei Narva und die zweite 1612 bei Ivangorod von den Schweden erbeutet wurden. Beide Bronzerohre sind ebenfalls von dem bekannten russischen Gießmeister Andrej Tschochov gegossen worden. In Russland hatten diese Geschützrohre den Namen »Wolf«. Beide haben ein Kaliber von 190 mm. Das linke Rohr (v.v.) hat eine Länge von 5300 mm, das rechte ist 4600 mm lang. Die außergewöhnliche Länge der Rohre diente wohl dem Zweck, mit starken Ladungen große Schussweiten zu erzielen (Einsatz als Belagerungs- oder Positionskanone).

Etwas außergewöhnlich auch die Gestaltung der »Wolfsköpfe«, aus denen der vordere Teil des Rohres herausragt. Die angegossenen Ohren der Wolfsköpfe konnten sicherlich auch als Richthilfen benutzt werden (Kimme). Eine genaue Zuordnung, welche Kanone wo erbeutet wurde, war bislang nicht möglich. Wahrscheinlich ist, das A. Tschochov nach dem Verlust der ersten Kanone den Auftrag zum Gießen eines zweiten »Wolf-Rohres« erhielt, das allerdings auch von den Schweden erbeutet wurde.

Die zwei Beutekanonen im schwedischen Schloss Gripsholm. *Foto: Meyer*

Magdeburger »Huldigungskanone« von 1669 (Replik)

Die heute im Bereich des Neuen Werks in Magdeburg aufgestellte Bronzekanone ist auch als Nachguss von Interesse, weil die Gussform für das Rohr direkt von einem original erhaltenen Rohr aus dem Bestand des Deutschen Historischen Museums in Berlin abgenommen wurde. Zwei dieser so genannten »Huldigungskanonen« wurden 1669 von M. Hinrich Schultz im Auftrag des Bürgermeisters und des Rates von Magdeburg in Berlin gegossen und anschließend als Festungsgeschütze dem Kurfürsten Friedrich Wilhelm von Brandenburg geschenkt. Das 24-Pfünder-Rohr zeigt auf dem hinteren Feld das kurfürstliche Wappen von Brandenburg, umschlungen von einem Gürtel mit dem Wahlspruch des englischen Hosenbandordens HONI SOIT QVI MAL Y PENSE (der Hosenbandorden war dem Kurfürsten verliehen worden). In einer Kartusche unter dem Wappen werden sämtliche Titel des Kurfürsten genannt. Auf dem langen Feld wurde das Wappen der Stadt Magdeburg gestaltet. Eine darunter gesetzte Kartusche beinhaltet die Huldigungsinschrift. Als Henkel und Handhabe am Bodenstück wurden Delphine gewählt.

Links: Die »Huldigungskanone« am Neuen Werk in Magdeburg.

Unten: Stadtwappen und Huldigungsinschrift auf dem langen Feld des Rohres.

Fotos: K.P. Mehl

Die venezianische Bronzekanone im Tøjhusmuseet in Kopenhagen.
Foto: Autor

Venezianische 36-Pfünder-Kanone

Diese reich verzierte Bronzekanone erhielt der dänische König Frederik IV. 1708/09 bei seinem Aufenthalt in Italien von der Stadt Venedig geschenkt. Das Rohr wurde von Jo. Bap. Albergetti gegossen. Der König selbst nahm am Gießen neuer venezianischer Bronzerohre teil. Markantes Zeichen auf dem Geschenkrohr ist das erhaben gestaltete Wappen von Venedig mit dem Sankt-Markus-Löwen. Das Kaliber des Rohres beträgt 170 mm, womit es auch einer 1/2-Kartaune zu zuordnen wäre. Die schwere Lafette, bemalt mit den oldenburgischen Farben Rot und Gelb, wurde 1800 angefertigt.

Dänische 3-punds-Feldkanone 1752

Dänische Bronzekanonen des Modells »Harboes« – Oberst Andreas Harboe war 1687 Chef des Holstein'schen Artilleriekorps – wurden fast 100 Jahre lang unverändert hergestellt. Lediglich die Verzierungen, Insignien oder Herrschermonogramme wurden zeitgemäß angepasst. Erst ab 1766 wurde das neue »Karl-af-Hessen«-System nach preußischem Vorbild eingeführt. Die abgebildete 3-punds-FK wurde 1752 von J. B. Holzmann in Kopenhagen gegossen. Das Kaliber beträgt 78 mm. Das Rohr ist mit Elefantenhenkeln versehen. Auf dem Hinterstück befinden sich das gekrönte Monogramm des dänischen Königs Friedrich V. sowie dessen Wahlspruch PRUDENTIA ET CONSTANTIA (Mit Klugheit und Beständigkeit).

Rechts: Die 3-pds-FK nach Harboe im Tøjhusmuséet in Kopenhagen.
Links: Monogramm und Kartusche mit Jahreszahl 1752.
Fotos: Autor

Die »Halbe Kartaune« vor dem alten Arsenal auf der Festung Königstein. *Foto: Autor*

Sächsische »Halbe Kartaune« 1733

Das auf der deutschen Festung Königstein in Sachsen gezeigte Geschütz ist eine »Halbe Kartaune« aus der so genannten »Adlerserie« (polnischer bzw. weißer Adler). Das Bronzerohr mit der Nr. 7 wurde 1733 von Johann Gottfried Weinholt in Dresden gegossen (Bodenkranz: FECIT: JOHANN: GOTTFRIED: WEINHOLT. A. DRESDEN:). Auftraggeber für die ursprünglich 12 Rohre umfassende Serie war noch der 1733 verstorbene Kurfürst von Sachsen, Friedrich August I., der seit 1697 mit Unterbrechung als August II. auch König von Polen war. Das 24-Pfünder-Rohr, Kaliber 153 mm, hat eine Gesamtlänge von 3430 mm (Gewicht »62 Zentner 52 Pfund = 3200 kg). Auf dem Hinterstück wird als Relief der polnische Königsadler mit Schwert (rechte Kralle) und Zepter (linke Kralle) gezeigt. Über dem Adlerkopf die Königskrone, auf der Brust als Anhänger das Monogramm AR (AUGUSTUS REX). Die Reko-Lafette wurde 1996 weitestgehend nach Originalzeichnungen aus dem 18. Jahrhundert von Morgenstern/Herbergen angefertigt.

Eine 4-punds-FK M. 1863 im Museum von Dybbøl. *Foto: Rahardt*

Dänische 4-punds-Feldkanone M. 1863

Zum Ersatz bisheriger Glattrohrkanonen der Feld- und Belagerungsartillerie bestellte Dänemark bei den schwedischen Firmen Aker und Finspong insgesamt 293 4- und 12-punds-Kanonen nach eigenen Konstruktionsunterlagen. Mit den ab Herbst 1863 gelieferten 80 4-punds-FK wurden am 1. Februar 1864 die ersten sechs fahrenden Batterien zu je acht Geschützen aufgestellt. Die heute im Museum von Dybbøl (Düppeler Schanzen) ausgestellten 4-punds-FK gehörten zu den 13 Feldbatterien, die Dänemark im Deutsch-Dänischen Krieg 1864 einsetzte. Die gezogenen Vorderlader verschossen Granatkartätschen und Spr.-Granaten mit Holzzündrohr. Die für 6 Züge im Rohr vorgesehene Spr.-Granate hatte in zwei Ebenen 6 Führungswarzen (Nocken) und wog 3,62 kg. Die max. Schussweite mit Spr.-Gr. betrug 3730 m. Die 4-punds-FK blieben noch bis 1910 im Dienst.

Englische 6-inch-Haubitze 30 cwt Mk I M. 1886

Die englischen 152-mm-Haubitzen M. 1886 blicken auf eine längere Entwicklungsgeschichte zurück. Anfänglich als starres Geschütz entwickelt, wurde später ein gebremster Rohrrücklauf vorgesehen. Dieser erfolgt hier in einer Mantelwiege. Als Bremsen und Vorholer fungieren Metallfedern. Die Waffe hat einen ausschwenkbaren Schraubverschluss. Als Gefechtsgewicht werden 2235 kg angegeben (Rohrgewicht 28-3-13 = 1466,3 kg). Verschossen wurden Spr.-Gr. mit einem Gewicht von 45 bis 55 kg. Das abgebildete Geschütz wurde nach dem 1. WK an Griechenland geliefert. Der Verschluss trägt die Prägung R.C.W. 1903, der Bodenring die Prägung RBL 6-inch Mk I WB & Co 1917, was darauf schließen lässt, das die Waffe eine Instandsetzung erhielt und mit verschiedenen Baugruppen wieder komplettiert wurde.

Die 6-inch-Haubitze im War Museum von Athen.
Foto: Autor

Russischer 9-Zoll-leichter-Mörser 1891

Neben 8-Zoll-leichten-Mörsern wurden bei Obuchov von 1891 bis 1895 die ersten 20 9-Zoll-Mörser für Küstenverwendung und Belagerungsartillerie hergestellt. 1894 folgten von Perm weitere 12 Mörser dieses Typs, mit denen 1896 der 1. und 2. Belagerungspark formiert wurde. Das Mantelringrohr – Kaliber 228,6 mm – war mit einem horizontalen Zylinderverschluss ausgestattet. Die Lafette, eine Konstruktion von Durlacher, ermöglichte einen hydraulisch gebremsten Lafettenrücklauf. Mit dem Mörser wurden 139,5 kg schwere »Bomben« auf einer Schussweite von 2900 m/43° verschossen. Die Schussweite konnte mit den Ladungen und einer max. Elevation von +65° variiert werden. Der Mörser mit Unterrahmen wurde einlastig gefahren, Drehkreuz und Holzbettung folgten auf einem zweiten Wagen. Die Feuergeschwindigkeit betrug 1 S/Min, zur Bedienung gehörten 7 Mann.

Ein russischer 9-Zoll-leichter-Mörser auf der Museumsinsel Suomenlinna in Finnland.

Foto: Pestov

Deutsche 7,7-cm-Feldkanone C 96 n.A.

Die Feldkanone C 96 n.A. (neuer Art) entstand, wie schon erwähnt, durch Umbau der älteren Modelle C 96 a.A. Wesentliches Merkmal war der Umbau zum Rohrrücklaufgeschütz, wozu die Firma Rheinmetall mit zwei Versuchsgeschützen die Voraussetzungen schuf. Die Serienfertigung erfolgte ab 1904 bei Krupp. Das Rohr mit 32 Zügen – Länge 1875 mm – erhielt einen neuen Schubkurbelverschluss, die neue Einholmlafette mit Klappsporn erhielt ein Schutzschild. Mit verbesserter Munition – Spr.-Gr. 6,85 kg – wurde eine Schussweite von 7800 m erzielt. Bei Ausbruch des 1.WK war diese FK das Hauptgeschütz der leichten deutschen Feldartillerie. Um den Nachteil des geringen Erhöhungswinkels von +15° zu beseitigen – Artilleristen gruben deshalb den Lafettenschwanz oft ein – kam im Kriege auch noch eine Version »Kanone C 96 in Haubitzlafette« zum Einsatz.

Oben: Der horizontale Schubkurbelverschluss an der C 96 n.A.

Rechts: Eine 1915 bei Krupp hergestellte 7,7-cm-FK C 96 n.A., Werks-Nr. 6725. Wehrtechnische Studiensammlung Koblenz.

Fotos: Autor

Die 15-cm-sFH M 93 in der Lehrsammlung der Artillerieschule der Bundeswehr in Idar-Oberstein. *Fotos: Autor*

Deutsche 15-cm-schwere-Feldhaubitze M 93

Die von Krupp entwickelte 15-cm-sFH wurde durch das AOK mit Befehl vom 24. Mai 1893 in die Bewaffnung eingeführt. Mit ihr wurden Fußartillerieregimenter mit Batterien zu je vier Geschützen und acht Munitionswagen ausgerüstet. Das noch starre Geschütz hatte einen Höhenrichtbereich von 0° bis +65°. Die Seite musste durch zwei Mann mit Spaken genommen werden. Das 1620 mm lange Rohr – genaues Kaliber 149,7 mm – hat im Bodenstück einen Querkeilverschluss. Der Lafettenrücklauf beim Schuss wurde durch starke, mechanisch angedrückte Bremsbacken verzögert. Das Gewicht in der Feuerstellung betrug 2189 kg. Die max. Schussweite mit einer 42,3-kg-Spr.-Gr. betrug 6050 m (2 S/Min). Das Geschütz wurde mit Protze vierspännig gefahren, zur Bedienung gehörten 6 Mann.

II. Gezogene Hinterladergeschütze der Feld-, Festungs- und Belagerungsartillerie bis ca. 1900

Gezogene Hinterlader der Feldartillerie

Preußische 4-Pfünder-Feldkanone C 64/67

Der gezogene Hinterlader wurde 1867 bei Krupp hergestellt. Das Stahlrohr mit einem Kaliber von 7,7 cm hat 12 Züge mit Rechtsdrall. Die Rohrlänge beträgt 1750 mm. Das starre Geschütz hatte noch eine hölzerne Einholmlafette. Die max. Schussweite mit einer 6,85-kg-Spr.-Gr. betrug 4100 m. Verschossen wurden auch Kartätschenbüchsen mit 48 Zinkkugeln. Mit diesen und weiter verbesserten Modellen zog die deutsche leichte Feldartillerie in den Deutsch-Französischen Krieg 1870/ 71.

Die 7,7-cm-FK C 64/67 in einer Sonderausstellung in der Zitadelle von Spandau. (Leihgabe Stadtmuseum Köln.) *Foto: Autor*

Die 4-Pfünder-FK obr. 1867 im Artilleriemuseum von St. Petersburg. *Foto: Autor*

Russische 4-Pfünder-Feldkanone obr. 1867

Ab 1863 kaufte Russland von der deutschen Firma A. Krupp nacheinander 100 8,7-cm-(russisch-4-Pfünder-) sowie 250 106,7-mm-(russisch-9-Pfünder-)Feldkanonen. Kurz danach begannen auch russische Geschützwerke mit der Herstellung dieser FK auf der Basis der Krupp-Modelle. 1866 erteilte die GAU Aufträge an mehrere russische Hersteller zur Fertigung von 250 verbesserten Modelle. 1877 waren bereits 2088 4-Pfünder-FK im Bestand. Schon im Juni 1876 waren auf Befehl des Zaren Alexander II. sechs neue Batterien der Gardeartillerie, Regimentsbatterien bei den Grenadierregimentern sowie selbstständige Feldartilleriebrigaden gebildet worden (reitende und fahrende Batterien). Die abgebildete 4-Pfünder-FK Kaliber 86,8 mm – wurde 1872 im Arsenal von St. Petersburg hergestellt. Die gezogenen Stahlrohre hatten einen Seitenkeilverschluss. Verschossen wurden Spr.-Gr. wie auch Schrapnell-Gr. Die max. Schussweite mit einer 3,17-kg-Gussstahl-Gr. betrug 3400 m.

Deutsche 7,5-cm-Feldkanone Krupp C 75

Die 7,5-cm-Feldkanone C 75 war eine Exportversion der Firma Krupp in Essen. Die abgebildete Kanone wurde 1878 an Belgien geliefert. Die Rohrlänge beträgt hier 1800 mm.

Mit einer 5,0-kg-Spr.-Gr. wurde eine Höchstschussweite von 5800 m erzielt. In der Feuerstellung wog dieses Geschütz 1030 kg. 1901 wurden diese Geschütze durch die belgische Firma Cockerill in Liege modernisiert (Mod.-Nr. 11). U.a. wurde der Verschluss verbessert. Das Richten in der Höhe erfolgte hier noch mit einer vertikalen Spindel mit Handrad. Kurz darauf wurden aber auch bei der belgischen Feldartillerie erste Rohrrücklaufgeschütze eingeführt.

Die 7,5-cm-FK von Krupp nach der Modernisierung durch Cockerill.

Rückansicht mit modernisiertem Verschluss. Armeemuseum Brüssel.
Fotos: Touzin

Englische 16-pdr-Feldkanone MK I 1879

Die 16-pounder-12-cwt-Feldkanone wurde 1879 bei der Royal Gun Factory in Woolwich hergestellt. Das schmiedeeiserne Rohr mit einem Kaliber von 91 mm hat eine Länge von 1688 + 112 = 1980 mm. Das Gewicht des Rohres beträgt 618 kg. Noch als gezogener Vorderlader waren solche Geschütze bei der englischen Feldartillerie von ca. 1870 bis 1880 in Gebrauch. Das hier auf einer original Feldlafette gezeigte Geschütz steht heute im Artilleriemuseum in Woolwich.

Rechts: Die 16-pdr-FK auf original Feldlafette im Artilleriemuseum in Woolwich.
Foto: Nr. 120 Roth

Unten:
Die russische 2 1/2-Zoll-Kanone obr. 1883 im Artilleriemuseum von St. Petersburg.
Foto: Autor

Russische 2 1/2-Zoll-Feld- und Gebirgskanone obr. 1883

Die Entwicklung dieser im Russischen als »Schnellfeuerkanone« bezeichneten Geschütze begann bereits 1873 durch W.S. Baranovski im Nobel-Werk. 1874 wurde eine erste Kanone noch als starres Geschütz erprobt. 1877 ging eine Batterie mit 6 Geschützen in die Truppenerprobung. Die als Feld- und Gebirgskanone entwickelte Waffe hatte ein Kaliber von 63,5 mm. Die Rohrlänge der Feldkanone betrug 2032 mm, die der Gebirgskanone 1194 mm. Der Höhenrichtbereich der Gebirgskanone betrug –15° bis +25°. Bis 1877 waren die Rohre aus Hartbronze gefertigt, danach wurde ein Stahlrohr eingeführt. Die Höchstschussweite mit einer 4,0-kg-Spr.-Gr. betrug 4260 m (Schrapnell 2340 m). Ab 1882 wurde versucht, bei dieser Kanone den Rohrrücklauf einzuführen. Als Bremse und Vorholer fungierten hier noch Metallfedern. Das gezeigte Geschütz des Modells obr. 1883 wurde 1884 bei den Obuchov-Werken hergestellt.

Rohzeichnung der englischen 16-pounder-Feldkanone MK I 1879

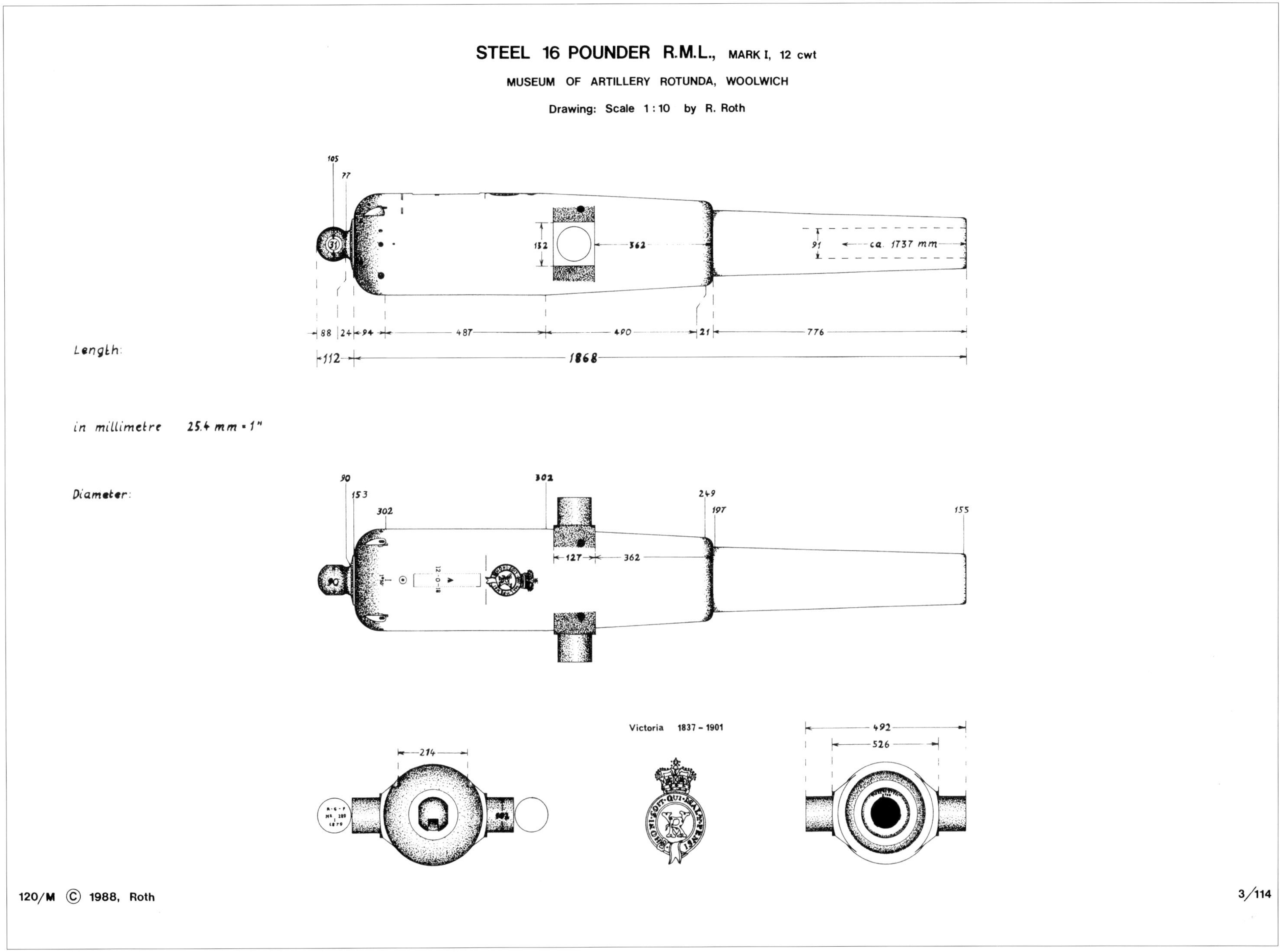

Oben links: Die 8-cm-leichte-FK C 73 auf einer Sonderausstellung in der Zitadelle von Spandau. (Leihgabe Stadtgeschichtliches Museum Spandau.)
Unten links: Bodenstück mit Höhenrichtspindel der C 73.
Fotos: Autor

Deutsche 8-cm-leichte-Feldkanone C 73

Die 8-cm-leichte-Feldkanone wurde ab 1874 in die Bewaffnung der reitenden und fahrenden Batterien aufgenommen. Das Gussstahlrohr mit einem Kaliber von 7,85 cm hatte einen Doppelkeilverschluss. Das gezeigte Geschütz mit der Rohr-Nr. 23 wurde 1874 bei Krupp hergestellt (Rohrwaffe). Lafette und Räder kamen von der Artilleriewerkstatt in Spandau. Als Höchstschussweite wurden 6000 m erreicht. Dieses Grundmodell wurde fortlaufend verbessert und blieb noch bis 1910 in Gebrauch.

Deutsche 9-cm-schwere-Feldkanone C 73/76

Die 9-cm-sFK von Krupp – Kaliber 8,8 cm – wurde ebenfalls ab 1874 bei den fahrenden Batterien der deutschen Feldartillerie eingeführt. Geschütze dieses Typs wurden auch an Russland und an die Türkei geliefert. Das gezogene Stahlrohr war mit einem Rundkeilverschluss ausgestattet.

Das noch starre Geschütz verschoss Sprenggranaten mit Aufschlagzünder, Schrapnells und Kartätschen. Die max. Schussweite mit einer 7,5-kg-Spr.-Gr. betrug 6500 m. In der Feuerstellung wog das Geschütz 1280 kg. Das Geschütz wurde bis zum Modell C 73/91 fortlaufend verbessert.

Eine deutsche 9-cm-sFK der türkischen Armee am Kriegerdenkmal in Ereğli. *Foto: K.P. Mehl*

Französische 90-mm-Feldkanone de Bange Mle 1877

Die unter Leitung von Oberst de Bange neu konstruierten 80- und 90-mm-Feldkanonen wurden 1877 offiziell bei der französischen Regimentsartillerie eingeführt. Das 2280 mm lange Rohr ist ebenfalls mit einem de-Bange-Verschluss ausgerüstet. Der Höhenrichtbereich betrug –6° bis +25° (wurde im 1. WK auf +35° erhöht). Mit einer 7,95-kg-Spr.-Gr. mit Perkussionszünder wurde eine effektive Schussweite von 6900 m festgelegt. Als Positionsgeschütz konnte auf einer max. Schussweite von 7600 m geschossen werden. Das Geschütz wurde mit Sattelprotze durch ein Sechsergespann gefahren. Zur Bedienung gehörten 5 Mann.

Die 90-mm-FK von de Bange.
Foto: Archiv Touzin

Die 95-mm-FK von de Lahitolle in Feldlafette Mle 1888. *Foto: Archiv Touzin*

Französische 95-mm-Feldkanone Lahitolle Mle 1880

Zur Ergänzung der ab 1877 eingeführten 90-mm-FK von de Bange wurden ab 1880 auch noch 95-mm-Kanonen nach der Konstruktion von Oberst de Lahitolle eingeführt. Diese Rohrwaffen wurden in Feldlafetten und in Belagerungslafetten ausgeliefert. Ab 1893 folgte noch eine Version in Festungslafette mit Schutzschild. Die Schussweite mit einer 12,85-kg-Spr.-Gr. entsprach mit 7800 m etwa der de-Bange-Kanone. In Feldlafette wurde auch dieses Geschütz auf Sattelprotze mit sechs Zug- und Reitpferden gefahren. Zur Bedienung gehörten 6 Mann.

Die russische 9-Pfd.-FK mit Stahlrohr als Trophäe der türkischen Armee am Kriegerdenkmal in Ereğli. *Foto: K.P. Mehl*

Russische 9-Pfünder-Feldkanone obr. 1867

Nach dem bereits erwähnten Ankauf von 250 9-Pfünder-FK von Krupp – Kaliber 106,7 mm – begannen auch russische Hersteller mit der Fertigung dieser Modellreihe. Obwohl alle 9-Pfd.-FK die offizielle Bezeichnung obr. 1867 erhielten, sind diese Geschütze fortlaufend modernisiert worden. Anfänglich auch mit gezogenen Bronzerohren (bis 1878 2155 FK mit Bronzerohr), ging man später auf gezogene Stahlrohre über. Auch mit den 9-Pfd.-FK wurden Batterien der fahrenden und reitenden Artillerie, selbstständige Artilleriebrigaden und so genannte Kosaken-Batterien gebildet. Die stählerne 9-Pfd.-FK verschoss Spr.-Gr. und Schrapnells. Mit einer 6,35-kg-Stahlgussgranate wurde anfänglich eine max. Schussweite von 4480 m erreicht. Die Schussweiten konnten durch verbesserte Munition gesteigert werden.

Eine 9-Pfd.-FK bei der russischen Gardeartillerie 1895.
Foto: Heere und Flotten, Russland 1897

Schwedische 8,4-cm-Feldkanone m/1881

Die von dem schwedischen Geschützhersteller BOFORS entwickelte 8,4-cm-FK wurde bei der fahrenden Artillerie und bei Artilleriebatterien des Landsturms eingeführt. Von 1886 bis 1888 lieferte die Firma 48 Geschütze an die Armeeverwaltung aus. Die aus Stahlblech gefertigte Einholmlafette vom ATLAS-Werk in Stockholm ist mit zwei Fahrsitzen ausgestattet. Das Rohr hat einen linksseitigen Kolbenverschluss. Als Munition waren u.a. 7,1-kg-Spr.-Gr. vorgesehen, mit denen eine max. Schussweite von 6000 m erreicht wurde. Das abgebildete Geschütz mit der Rohr-Nr. 201 stammt aus der Lieferung von 1888.

Die 8,4-cm-FK m/1881 im Beredskapsmuseet in Schweden. *Foto: Meyer*

Englische 15-pounder-Feldkanone MK IV mit abklappbarem Spaten und Federzylinder für gebremsten Lafettenrücklauf

Quelle: Treatise on military carriages

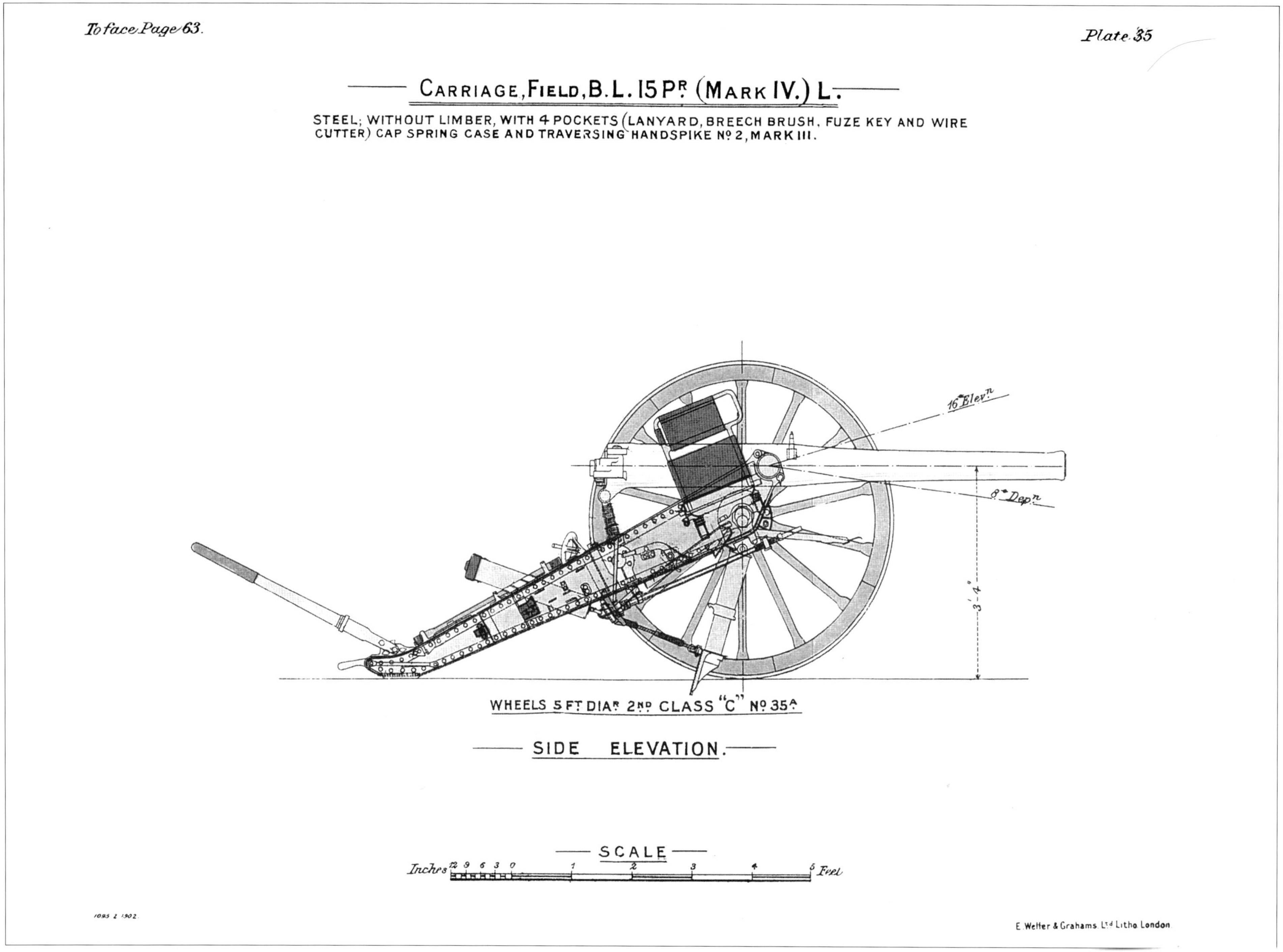

Türkische 70-mm-Infanteriekanone 1880

Wiederholt versuchte man in der Türkei Artilleriegeschütze auch durch landeseigene Hersteller produzieren zu lassen. Teils als Eigenentwicklung, teils als Lizenzfertigung, blieben diese jedoch in der Minderzahl. Ein Beispiel dafür ist die dargestellte 70-mm-Infanteriekanone. Der gezogene Lauf aus Bronze hat eine Länge von 1000 mm und ist mit einem Kurbel-Keilverschluss ausgestattet. Die Einholmlafette ist aus Stahlblech gefertigt. Ballistische Schussleistungen sind nicht bekannt.

Die 70-mm-Infanteriekanone im Militärmuseum von Istanbul.
Foto: K.P. Mehl

Die 75-mm-Arisaka-Kanone im Artilleriemuseum von St. Petersburg. *Foto: Autor*

Japanisches 75-mm-Infanteriegeschütz M. 1898

Das von der russischen Armee 1904 erbeutete japanische Infanteriegeschütz war 1900 im Arsenal von Arisaka hergestellt worden. Auffallend ist die tiefe Lage des Rohres in Achshöhe. Der Höhenrichtwinkel betrug für das Nahkampfgeschütz nur +16°. Von Anhöhen aus konnte mit –11° geschossen werden. Die Rohrlänge beträgt 2250 mm. Als Feuergeschwindigkeit werden 5 bis 7 Schuss/Min. angegeben. Das Geschütz wurde auf dem Marsch mit einem Sechserzug gefahren. Zur Bedienung gehörten 6 Mann.

Oben: *Eine 12-pdr-FK – Rohr-Nr. 18013 – im Memorial Park von St. Felicien, Kanada. Beachte die gefederten Sitze für aufsitzende Kanoniere.* Foto: Autor

Deutsche 7,7-cm-Feldkanone C 96 a.A.

Die 7,7-cm-FK C 96 wurde nach ihrer Einführung ein Standardgeschütz der deutschen leichten Feldartillerie. Das hier noch starre Geschütz mit Drahtseilbremse wurde 1898 bei Krupp hergestellt. Das Nickel-Stahl-Rohr hat 32 Züge und ist mit einem Seitenkeilverschluss ausgerüstet. Die max. Schussweite mit einer 6,85-kg-Spr.-Gr. betrug 8200 m. Reitende und fahrende Batterien waren mit je 6 Geschützen und 3 Munitionswagen ausgerüstet. Die in großer Stückzahl bei Krupp hergestellten Geschütze wurden ab 1901 zu Feldkanonen mit Rohrrücklauf umgebaut (Patent Haußner). Zur Unterscheidung führte man die Bezeichnungen »C 96 a.A.« (alter Art) und »C 96 n.A.« (neuer Art) ein. Beschreibung der Letzteren siehe bei »C 96 n.A.«.

Unten: *Die FK C 96 a.A. auf einer Sonderausstellung in der Zitadelle von Spandau. Leihgabe Wehrtechnische Studiensammlung Koblenz.* Foto: Autor

Englische 12-pdr-6-cwt-Feldkanone 1898

Zur Ablösung der älteren 9-pdr gezogenen Vorderlader wurden ab 1896 neu entwickelte 12-pdr-Kanonen bei der reitenden und fahrenden Artillerie der britischen und mit ihr verbündeten Commonwealth-Streitkräften eingeführt. Die leichten Feldkanonen mit einem Kaliber von 76 mm wurden bei der Royal Gun Factory in Woolwich hergestellt. Während die erste Version noch ein starres Geschütz war, erhielten die ab 1898 gefertigten Kanonen einen unter der Achse abklappbaren Spaten, der über eine Gelenkstange mit einem Federzylinder in der Kastenlafette verbunden war. Hierdurch wurde ein gebremster Lafettenrücklauf erreicht und die Standfestigkeit verbessert. Die Schussweite mit einer 6,75-kg-Schrapnell-Gr. betrug 5090 m. Ihre Feuertaufe erhielten diese Geschütze im 1889 ausbrechenden Burenkrieg in Südafrika, bei dem auch drei fahrende Batterien aus Kanada im Einsatz waren.

Französische 75-mm-Feldkanone Mle 1897

Eine legendäre »75er« vor dem Musée de l'Armée in Paris. Foto: Autor

Die französische »75er« erregte um die Jahrhundertwende ein größeres Aufsehen. Zum einen erfüllte sie erstmalig alle Anforderungen, die an ein für die damalige Zeit modernes Schnellfeuergeschütz gestellt wurden. Zum anderen brachte sie auch den harten Konkurrenzkampf bei Geschützneuheiten zum Ausdruck und war nicht zuletzt auch Gegenstand der umstrittenen »Spionageaffäre Dreyfus« (1894). Eine wesentliche Voraussetzung für die Entwicklung dieses Geschützes war das von dem deutschen Konstrukteur K. Haußner 1891 angemeldete Patent für einen langen Rohrrücklauf. Während man in Deutschland dem langen Rohrrücklauf noch keine größere Aufmerksamkeit schenkte, setzte der französische Artillerie-Capitan Sainte-Claire Deville die Patenprinzipien in eine konstruktive Lösung um. Schon 1892 baute man beim französischen Atelier de Puteaux die ersten Versuchsgeschütze und begann mit den Erprobungen. Über 10000 Schuss beim Versuchsschießen sowie Fahrerprobungen in unterschiedlichem Gelände ermöglichten fortlaufende Verbesserungen, so dass ab 1896 die Serienfertigung anlaufen konnte. Um eine hohe Geheimhaltung zu gewährleisten, verteilte man die Herstellung von Einzelteilen auf verschiedene Firmen, die oft nicht wussten, wozu diese Teile benötigt wurden. Offiziell eingeführt wurde das Geschütz 1897 bei den fahrenden Batterien zu je vier Geschützen. Ein erster Einsatz unter Kriegsbedingungen erfolgte 1900 bei der französischen Brigade in China während der Niederschlagung des »Boxeraufstandes«. Spätestens hier erkannten die anderen alliierten Teilnehmer der Chinaexpedition, über welches moderne Feldgeschütz die Franzosen verfügten. Standsicheres Geschütz durch langen Rohrrücklauf mit hydropneumatischer Bremse und Vorholer, Schnellladeverschluss von Nordenfelt, Schutzschild und ein Gewicht in der Feuerstellung von nur 1203 kg waren die wichtigsten Attribute dieser neuen Geschützgeneration. Mit sehr wirkungsvoller Munition – Spreng.-Gr. und Schrapnells – wurden Schussweiten von 6770 m erzielt. Eine gut ausgebildete Bedienung erreichte Feuergeschwindigkeiten von bis dahin nie erreichten 20 S/Min und mehr. Zwangsläufig war diese FK dann auch das Standardgeschütz der französischen leichten Feldartillerie. Weiter verbesserte Modelle kamen in großer Anzahl auch noch im 2. WK zum Einsatz. Hier von der deutschen Wehrmacht erbeutete Geschütze wurden mit einem Mündungsfeuerdämpfer versehen und als »7,5-cm-Pak 97/38 in der Lafette der deutschen »5-cm-Pak 38« zum Einsatz gebracht.

Der Schnellladeverschluss von Nordenfelt (Rohr System de Bange 1896). WTS Koblenz. Foto: Autor

Die 75-mm-FK von Saint-Chamond im Militärmuseum Del Castillo de Montjuich in Barcelona, Spanien. *Foto: K.P. Mehl*

Französische 75-mm-Feldkanone Mle 1904

Der französische Entwickler und Hersteller Saint-Chamond fertigte 1904 nochmals 75-mm-Feldkanonen, die noch nicht mit einem Rohrrücklauf ausgestattet waren. Gewählt wurde hier der gebremste Lafettenrücklauf mittels Erdsporn und Metallfeder. Verschossen wurden 6,5-kg-Spr.-Gr. auf einer max. Schussweite von 5000 m. Bis zum 1.WK wurden die meisten Geschütze bereits durch die modernere »75er« Mle 1897 abgelöst.

Deutsche »Fahrpanzer« Krupp-Gruson 1895/96

Die vom Krupp-Gruson-Werk in Magdeburg-Buckau gefertigten Fahrpanzer wurden bespannt an vorbereitete Verteidigungsstellungen gefahren, hier abgesenkt und teilweise eingegraben. Die Bewaffnung erfolgte je nach Wunsch mit 3,7-cm, 5,3-cm – oder 5,7-cm gezogenen Hinterladern in Panzerkuppel. Die max. Schussweite mit 3,7-cm-Kanone betrug 2400 m. Die 5,3-cm-Kanone schoss mit 1,63-kg-Schrapnell-Gr. 3200 m weit. In der Werksbeschreibung findet man die Anweisung: »Von 0 bis 150 m erfolgt das Zielen über Kimme und Korn, von 150 bis 300 m über den Daumen« (!). Zur Turmbedienung gehörten 2 Mann.

Oben: An Griechenland 1894 gelieferte Fahrpanzer mit 3,7-cm-Kanone (Werks-Nr. 25). War Museum Athen.

Links: Die einachsige Version mit 3,7-cm-Kanone erwarb Dänemark zu Erprobungszwecken (Werks-Nr. 416). Tøjhusmuseet Kopenhagen. *Fotos: Autor*

Transport einer fahrbaren Panzerlafette mit 5,3-cm-Kanone von Krupp-Gruson

Die 10-cm-FH M. 99 im Heeresgeschichtlichen Museum zu Wien.
Foto: K.P. Mehl

Französische 155-mm-kurze-Kanone Mle 1898/17

Die Urversion dieser 155-mm-Kanone wurde 1898 von de Bange entwickelt und bei Schneider hergestellt. Eine modernisierte Variante erhielt ein kürzeres Rohr (155 C), verbesserte Munition und blieb bis in die Zeit des 1. WK im Einsatz. Das noch starre Geschütz war zum Auffangen des Rückstoßes mit einem breiten Erdschild versehen. Vorne wurde die Kanone angehoben und auf einen abklappbaren Quersteg gestellt. Die Räder kamen dabei frei. Der Höhenrichtbereich betrug so –5° bis +60°. Die Schussweite mit einer 40-kg-Spr.-Gr. betrug rund 7000 m. 1917 war das Geschütz nur noch ein Notbehelf und wurde durch neu geschaffene 155-mm-Kanonen mit fast doppelter Schussweite abgelöst.

Unten: Die 155-mm C beim Übungsschießen.
Foto: Archiv Touzin

Österreichische 10-cm-Feldhaubitze M. 99

Die 104-mm-FH M. 99 war noch ein Federsporngeschütz mit Lafettenrücklauf. Der am Ende des Kastenholms angelenkte Erdsporn war mit einer auf Zug belasteten Feder innerhalb des Holms verbunden. Eine mechanische Seilbremse – zugleich Fahrbremse – wirkte zusätzlich auf die Räder. Das über Zahnbogen richtbare Rohr hatte einen exzentrischen Schraubverschluss. Verschossen wurden 14,3-kg-Spr.-Gr. und 12,7-kg-Schrapnell. Die max. Schussweite mit Spr.-Gr. (Aufschlagzünder) betrug 6100 m. Mittels Visierkorn und Aufsatz wurde eine gute Schusspräzision erreicht. Das Geschütz wog in der Feuerstellung 1859 kg. Mit der gleichen 10-cm-Rohrwaffe wurde auch eine Gebirgshaubitze M. 99 bestückt.

Ansichten der österreichischen 10-cm-Feldhaubitze M. 99

Quelle: Waffenlehre, Feldhaubitzen

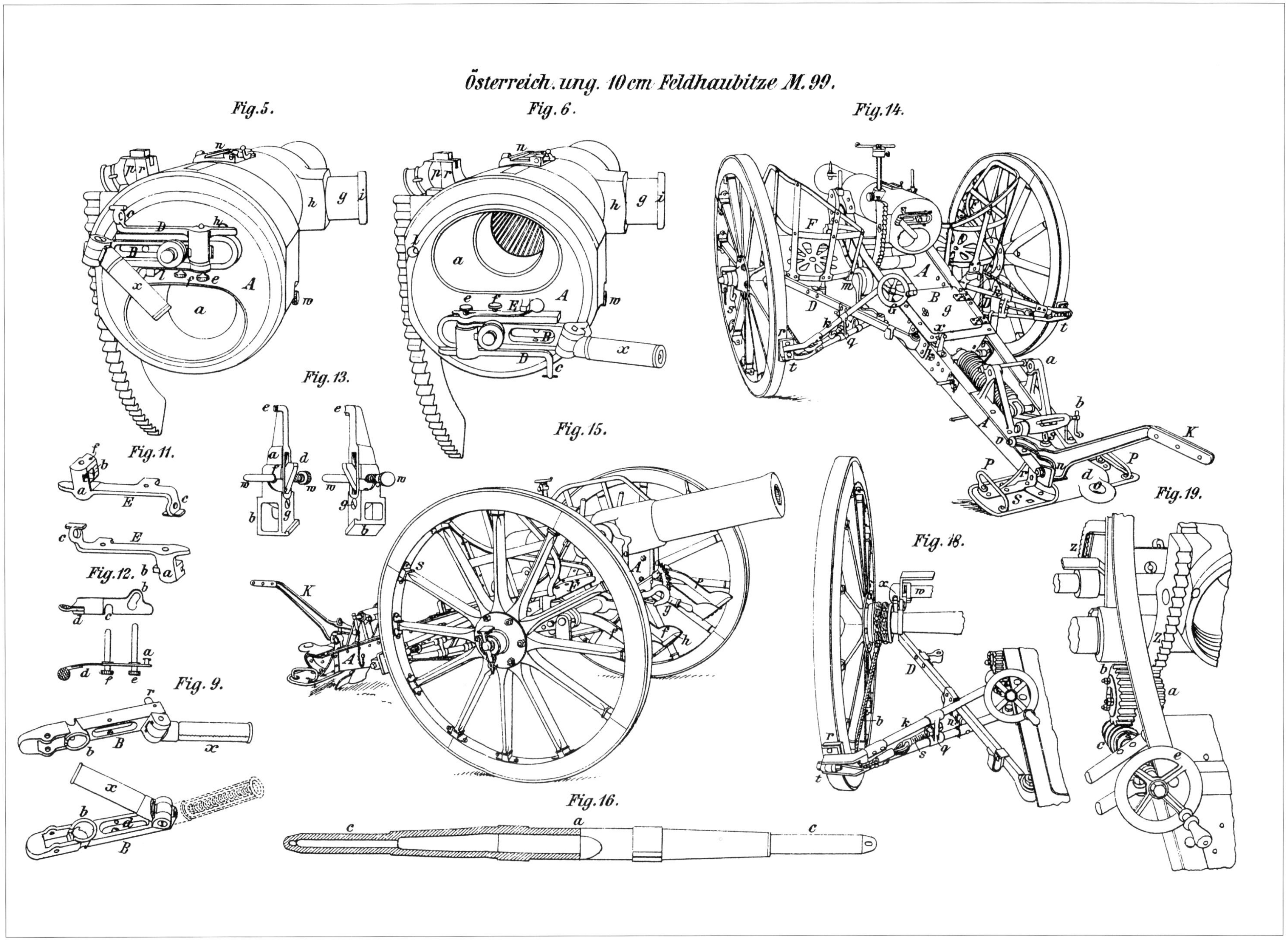

Der russische 6-Zoll-Feldmörser als türkisches Beutegeschütz im Militärmuseum von Istanbul.
Foto: K.P. Mehl

Russischer 6-Zoll-Feldmörser obr. 1883

Russland vergab 1879 an die deutsche Firma Krupp den Auftrag zur Herstellung von vier Mörsern mit der Option, nach positiven Erprobungen eine Lizenzfertigung aufnehmen zu wollen. Russland wünschte das bevorzugte Kaliber 6 Zoll (152,4 mm). Nach Lieferung von zwei Mörsern in eiserner Wandlafette und zwei auf einer Plattform erfolgte im August 1880 das erste Versuchsschießen auf dem Hauptpolygon für Artillerieerprobung (GAP). Nach zwei weiteren Jahren Erprobung auf Schießplätzen bei Moskau, Warschau und im Kaukasus erhielt der russische Konstrukteur A. P. Engelhardt den Auftrag, eine neue Feldlafette mit gebremstem Lafettenrücklauf zu konstruieren. Ab 1888 begann die Lizenzfertigung der Mörserrohre bei Obuchov. Bis 1900 fertigte Obuchov 97 dieser Mörser mit Lafetten von den Putilov-Werken und vom Arsenal in Kiew. Die Dämpfung des Lafettenrücklaufes erfolgte über einen Erdsporn und zwei durch die Achse geführten Metallfedern. Die max. Schussweite mit 34-kg-Gussstahlbomben betrug 4480 m. Außer den 1904 nach Port Arthur gelieferten Mörsern waren 1915 noch 53 Mörser bei der Festungsartillerie und 22 bei der Feldartillerie an der europäischen Front.

Dänische 19-cm-Stahlhaubitze M 1898

Eine bereits im Jahre 1881 gebildete Kommission erarbeitete eine Empfehlung zum Aufbau einer landseitigen Befestigung von Kopenhagen. Während alle vorgeschlagenen Kanonen und Mörser mit Kalibern von 12 bis 19 cm weitestgehend im Ausland beschafft wurden, nutzte man bei der 19-cm-Haubitze vorhandene ältere 187-mm-Ringrohre zum Bau der Haubitzen. Das Aufbohren und einbringen der Züge sowie der Bau einer neuen Lafette erfolgte in den Artilleriematerialwerkstätten von Kopenhagen. Das L/13,5-Rohr wiegt 3150 kg. Verschossen wurden anfänglich nur leichte 54-kg-Spr.-Gr., neue Munition wurde erst zu einem späteren Zeitpunkt entwickelt. Nach Auflösung der Landbefestigungen im Jahre 1920 wurden diese Geschütze zeitweilig noch von der schweren Feldartillerie Dänemarks übernommen.

Oben: Die 19-cm-Haubitze im Tøjhusmuseet in Kopenhagen.

Links: Der ausschwenkbare Schraubverschluss der Haubitze.
Fotos: Autor

Englische 5-inch-Feldhaubitze Mk I (L) mit kurzem Rohrrücklauf. 1896 die erste Hinterladerhaubitze der Royal Artillery Quelle: Treatise on military carriages

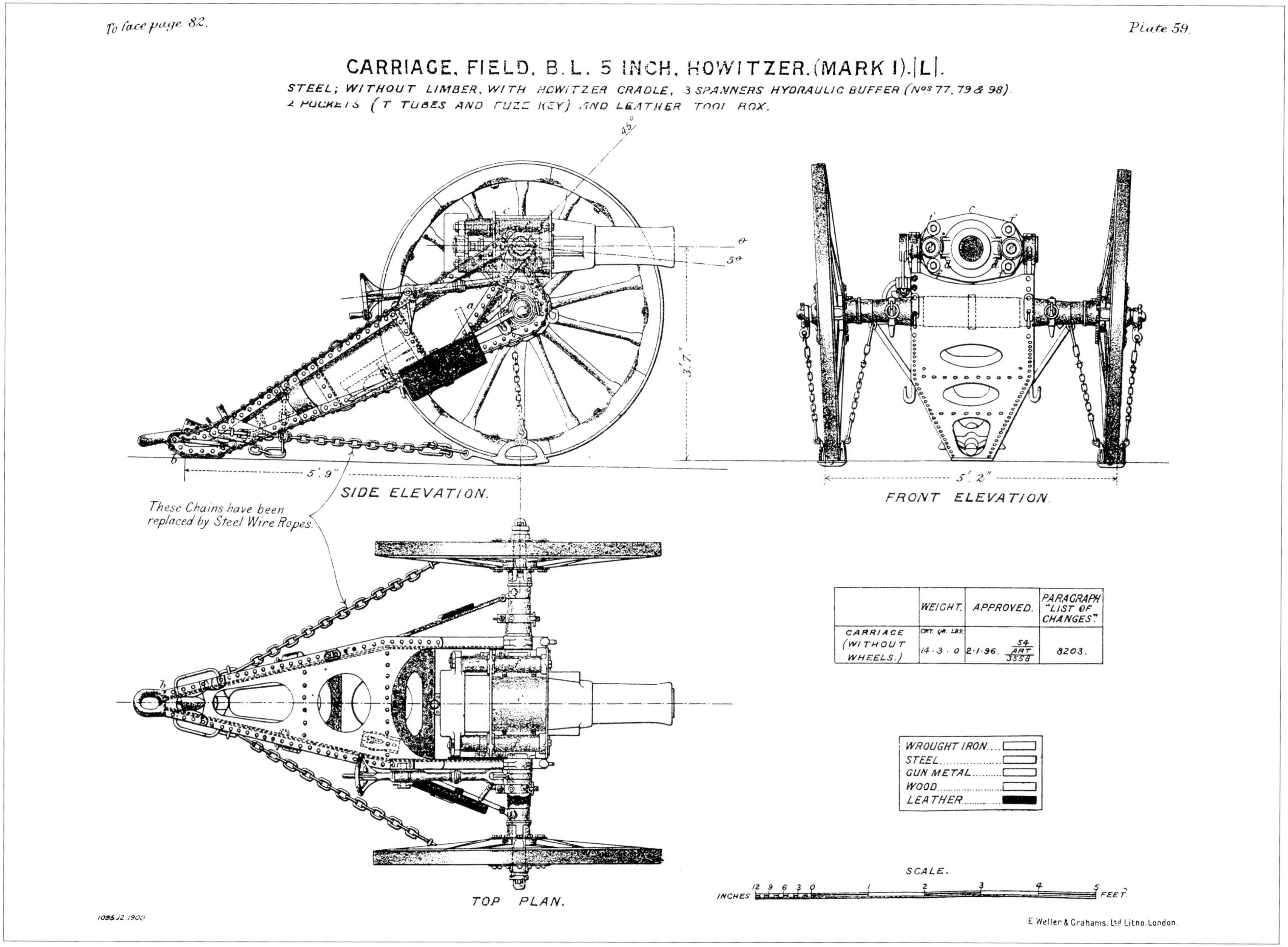

Mitrailleusen und Revolverkanonen

Amerikanische Gatling-Revolverkanone .42 M 1869

Die von Dr. Richard Jordan Gatling, einem promovierten Mediziner (!), ab 1861 entwickelten Revolverkanonen waren eine bedeutende Vorstufe für die spätere Entwicklung automatischer Maschinenwaffen.

Als Funktionsprinzip wählte er ein in zwei Bronzescheiben gelagertes, drehbares Rohrbündel, an dessen Ende ein Zylindergehäuse mit allen Teilen des Lade-, Abfeuerungs- und Entlademechanismus angeordnet war. Über Führungsnuten mit Steuerkurven wurden diese Teile beim Drehen mit einer Kurbel so bewegt, das alle Phasen des Ladens, Verriegelns, Abfeuerns und Entladens für jeweils ein schießendes Rohr abgearbeitet wurden.

Die 10 Rohre der abgebildeten Waffe haben ein Kaliber von 10,7 mm (.42). Die Rohrlänge beträgt hier 459 mm. Die Munitionszufuhr erfolgte über ein Stangenmagazin mit 40 Patronen im freien Fall. Die ersten Versionen der Gatling-RK fanden noch keine große Verbreitung. Erst weiterentwickelte, dann bei der Firma Colt hergestellte Modelle fanden das Interesse des Ordnance Department. 1878 verfügte die U.S. Army bereits über 269 Gatling-Kanonen mit unterschiedlichem Kaliber (diverse Einzelheiten s. b. Wirtgen).

Eine Gatling-RK M 1869 in der Wehrtechnischen Studiensammlung in Koblenz. Foto: Autor

Amerikanische Gatling-Revolverkanone .45–70 M 1883

Diese 10-läufige Gatling-RK – Kaliber 11,4 mm – ist eine Weiterentwicklung der Vorläufermodelle mit offenem Rohrbündel und Stangenmagazin. Das von J. G. Accles entwickelte Trommelmagazin mit 104 Patronen (Federzuführung) ermöglichte nun einen wesentlich größeren Richtbereich (Höhe –78° bis +74°, Seite 60°).

Die Länge der hier ummantelten Rohre beträgt 810 mm, die Gesamtlänge der Rohrwaffe 1290 mm. Mit einem Trommelmagazin konnte kurzzeitig eine Feuergeschwindigkeit von 800 bis 1500 S/Min erreicht werden. Charakteristisch waren die beidseitig auf der Achse angeordneten Munitionskisten, in denen je zwei Trommelmagazine mitgeführt wurden.

Die abgebildete Waffe mit der Werks-Nr. 435 wurde bei der Firma Colt in Hartford, Conn., hergestellt. Gatling-RK wurden auch nach Großbritannien, Russland und der Türkei geliefert.

Die Gatling-RK M 1883 im Champlin Fighter Museum in Mesa, USA. Foto: Schäfer

Französische Mitrailleuse de Reffye Mod. 1866

Die 1863 unter Leitung des Direktors des Ateliers in Meudon, Capitan J. B. A. de Reffye (später General), entwickelte Mitrailleuse fußt auf die bereits 1851 durch den Belgier Toussaint Fafchamps entwickelte Konstruktion einer 50-läufigen Mitrailleuse. Als wesentliche Verbesserung wurde von Reffye ein mittels einer Kurbel zurückziehbarer Verschlussblock mit Abfeuermechanismus entwickelt. Bei zurückgezogenem Verschlussblock konnten die 25 Patronen zugleich in einer Ladeplatte hinter den Rohrblock gesteckt werden, um anschließend durch Vorschieben des Blockes mit gespannten Schlagbolzen verriegelt zu werden. Die Reffye-Waffe – französisch »Canon à balles« – hat 25 Läufe mit einem Kaliber von 13 mm. Bei einer effektiven Schussweite von 1000 m konnte eine praktische Feuergeschwindigkeit von 100 S/Min erreicht werden. Auf dem Rohr der abgebildeten Waffe – Herstellungsjahr 1877 – findet man die Inschrift »Le General Duchand«. Eine Serie dieser Mitrailleusen erhielt diesen Ehrennamen nach dem französischen Artilleriekommandeur in der Schlacht bei Waterloo, damals Major Duchand. Insgesamt sind in Meudon über 200 Mitrailleusen hergestellt worden, jedoch entsprach dieses Waffensystem mit seinen Ladeplatten schon nicht mehr den Anforderungen an ein modernes Schnellfeuergeschütz.

Die Mitrailleuse von de Reffye im Musée de l'Armée in Paris. *Foto: Autor*

Amerikanische .45-Revolverkanone 1885

Diese 10-läufige Revolverkanone System »Gatling« gehörte vor 1900 zur Bewaffnung der chinesischen Armee. Die auf einer Dreibeinlafette aufgebaute RK ist mit chinesischen Beschriftungen (Gravur) für Bedienelemente versehen. Die Waffe ist noch ein Modell mit Stangenmagazin (fehlt hier). Diese RK wurde während der Niederschlagung des Boxeraufstandes von Truppen des italienischen Regiments »San Marco« erbeutet. Inwieweit hier schon Eigenleistungen bei der Fertigung der Waffe durch eine chinesische Waffenwerkstatt erbracht wurden, ist nicht bekannt. Die ballistischen Daten dürften der bereits erwähnten .45-Gatling-RK entsprechen.

Rechts: Eine 11,4-mm-Gatling-RK aus der chinesischen Bewaffnung im Museo Storico Navale in Venedig (Inv.-Nr. 304).
Foto: Autor

Amerikanische .45-Revolverkanone M 1883

Bei dieser .45-Gatling-RK handelt es sich wohl um ein Übergangsmodell. Das Rohrbündel ist bereits mit einem Bronzemantel umgeben, aber noch zum Anschlagen eines Stangenmagazins mit 40 Patronen eingerichtet. Wie bereits erwähnt, war durch diese Magazinart – Patronenzuführung im freien Fall – der Höhenrichtbereich stark eingeschränkt. Charakteristisch auch hier die zwei auf der Lafette angebrachten Munitionskisten zum Mitführen eines großen Magazinvorrates. Die gezeigte Waffe gehört zur Sammlung von Mr. J. Fahey, die an Bord des amerikanischen Kreuzers U.S.S. SALEM gezeigt wird.

Links: Eine .45-Gatling-RK in der Fahey-Sammlung auf U.S.S. SALEM.
Foto: Rahardt

Dieses Bild zeigt noch mal die endgültige Form der modifizierten .45-Gatling-RK M 1883 mit Trommelmagazin mit 104 Patronen. Als Feuergeschwindigkeit konnten 800 S/Min erreicht werden. Diese Waffe wurde ebenfalls bei der Colt's Patent Fire Arms Manufacturing Co. in Hartford/Conn. hergestellt und steht heute im Canadian War Museum in Ottawa.

Foto: Autor

Amerikanisch-dänische 1-tommes-Revolverkanone 1878

Auch das Königreich Dänemark beschaffte ab 1875 die von Richard J. Gatling entwickelten Revolverkanonen mit einem Kaliber von 1 tommes (1 inch = 25,4 mm). Das Rohrbündel hat sechs Läufe, von denen jeder eine Länge von 839 mm hat (8 Züge). Das Geschütz hat einen mechanischen Höhen und Seitenrichtantrieb. Die Munitionszuführung, das Laden, Verriegeln und Abfeuern erfolgte ähnlich wie bei der Revolverkanone mit kleinerem Kaliber. Als Feuergeschwindigkeit wurden 120 bis 150 S/Min erreicht. Die abgebildete Waffe mit der Werks.-Nr. 2 soll ein in Dänemark nachgebautes Geschütz sein.

Unten: Die 1-tommes-RK im Tøjhusmuseet in Kopenhagen. *Foto: Autor*

Belgische Mitrailleur Christophe M 1877

Die von der belgischen Waffenfabrik Christophe & Montigny in Brüssel hergestellte Waffe hat in einem Bronzegehäuse 37 Läufe mit einem Kaliber von 11 mm. Der Verschlussblock und Abfeuermechanismus unterscheiden sich von der französischen Mitrailleuse dadurch, dass Ersterer über einem Hebel mit Kniegelenk auf zwei Führungsbolzen zurückgezogen wird. Nach einhängen der Ladeplatte wurde der Block wieder nach vorne bewegt und die Schlagbolzen gespannt. Das Abfeuern erfolgte hier mittels eines seitlich herausgeführten Hebels durch Freigabe der Schlagbolzen von oben nach unten. Die von der türkischen Armee als Versuchswaffe beschaffte Mitrailleur trägt auf dem Verschlussblock die Bezeichnung L. CHRISTOPHE BRUXELLES 1877. Auf der Radachse, Räder fehlen hier, sind zwei Munitionskisten für jeweils 10 Ladeplatten aufgebaut.

Oben: Die belgische Mitrailleur im Militärmuseum von Istanbul. Rechts: Der Verschlussblock im geschlossenen Zustand. Fotos: K.P. Mehl

Die österreichische Mitrailleuse in einer Ausstellung auf der Festung Königstein. *Foto: Autor*

Österreichische Mitrailleuse System Montigny 1870

Nach dem Ankauf und einer Erprobung von Versuchsgeschützen erwarb Österreich 1870 die Lizenz zur Herstellung von 100 Mitrailleusen von der belgischen Firma Chistophe & Montigny in Brüssel. Die Herstellung der kompletten Rohrbündelwaffe – Rohrlänge 842 mm – erfolgte bei der österreichischen Waffenfabriks-Gesellschaft Steyr, die Lafetten mit Schutzschild fertigte das Artillerie-Arsenal in Wien. Das Rohrbündel der österreichischen Version hat ebenfalls 37 Läufe mit einem Kaliber von 11 mm. Verschlussblock und Abfeuermechanismus entsprechen weitestgehend dem belgischen Modell. Die Waffe erreichte eine theoretische Feuergeschwindigkeit von 300 S/Min.

Französische 37-mm-Revolverkanone M 1870

Im Bestreben die Feuergeschwindigkeit eines Geschützes wesentlich zu erhöhen, entwickelte der in Frankreich lebende amerikanische Konstrukteur und Waffenhersteller M. Hotchkiss ebenfalls eine handbediente, automatische Revolverkanone mit einem Kaliber von 37 mm.

Seine in Paris nach amerikanischem Vorbild (Gatling) konstruierte Waffe erreichte mit 5 Läufen eine Feuergeschwindigkeit von 60 bis 80 S/Min. Die effektive Schussweite betrug 4000 m. Obwohl in Bourges noch bis 1918 einige dieser Waffen hergestellt wurden, kamen sie in der französischen Armee nur vereinzelt zum Einsatz.

Rechts: Die Revolverkanone von Hotchkiss im Musée de l'Armée in Paris
Foto: Autor

Dänische 37-mm-Gatling-Kanone M. 1871

Ab 1881 wurden auch in Dänemark 5- und 6-läufige Gatling-Kanonen mit Kalibern von 25,4 und 37 mm nachgebaut. Das Rohrbündel ist mittels Schildzapfen und Schwenkgabel in eine modifizierte Feldlafette eingelegt. Die handbediente Lade- und Abfeuerautomatik erlaubte Feuergeschwindigkeiten von 60 bis 80 S/Min. Bei der gezeigten Waffe ist auf dem linken Schildzapfen als Baujahr 1883 und auf dem rechten Schildzapfen das Gewicht der Rohrwaffe mit 216 kg eingearbeitet.

Links: Die 37-mm-Gatling-RK im Tøjhusmuséet in Kopenhagen.
Foto: Autor

Englisch-schwedische 25,4-mm-Maschinenkanone M 1877

Die von dem schwedischen Konstrukteur Thorsten Wilhelm Nordenfelt zusammen mit dem ebenfalls schwedischen Erfinder Palmcrantz entwickelte Maschinenkanone wurde noch vor der Fusion mit Maxim in der Londoner Waffenfabrik von Nordenfelt hergestellt

Die vierläufige Nordenfelt-MK im Militärmuseum von Istanbul. *Foto: K.P. Mehl*

(Werks-Nr. 3177). Mit einem Standardpivotkranz wurde sie sowohl für die Schiffsbewaffnung wie auch auf vereinfachten Feldlafetten mit Schutzschild genutzt. Die vier Läufe haben ein Kaliber von 25,4 mm (1 inch). Die Munitionszuführung erfolgte aus Patronenkästen im freien Fall. Handbetrieben wurde eine Feuergeschwindigkeit von 120 S/Min erreicht. Die effektive Schussweite lag bei 1500 m. Die abgebildete Waffe gehörte zum Bestand der türkischen Armee.

Die 3,7-cm-RK im ehem. Armeemuseum der DDR (heute Militärhistorisches Museum der Bundeswehr). *Foto: Autor*

Deutsche 3,7-cm-Revolverkanone 1886

Die 3,7-cm-RK System Hotchkiss wurde 1886 im Krupp-Gruson-Werk in Magdeburg-Buckau hergestellt. Zwei dieser RK auf modifizierter Feldlafette gehörten Ende des 19. Jahrhunderts zur Garnisonsartillerie der sächsischen Festung Königstein. Als Feuergeschwindigkeit konnten per Handkurbel 40 bis 60 S/Min erreicht werden. Einige dieser RK auf normaler Feldlafette wurden von der deutschen Schutztruppe auch in den afrikanischen Kolonien eingesetzt.

Englische 37-mm-Maschinenkanone 1904

Die auf einer Festungslafette aufgebaute 37-mm-MK wurde von der Waffenfirma Maxim-Nordenfelt G. & Aco. in London hergestellt. Das gezeigte Exemplar wurde von Dänemark angekauft und gehörte zur Bestückung der Festung Middelgroundsfortet. Die auf einer Stahlplatte aufgebaute Lafette gestattete das Aus- und Einfahren der Waffe an einer Schießscharte. Das 1870 mm lange Rohr ist von einem bronzenen Kühlmantel umschlossen. Die Munitionszuführung bei diesen Waffen erfolgte mittels Textilgurte. Als Feuergeschwindigkeit konnten 250 S/Min erreicht werden. Die effektive Schussweite lag bei 3000 m.

Die 37-mm-MK im Tøjhusmuseet in Kopenhagen. *Foto: Autor*

10-läufige Revolverkanone von Gatling aus dem Jahre 1862

Gezogene Hinterlader der Festungsartillerie

Sächsische 12-cm-Festungskanone 1843/67

Das 1940 mm lange Bronzerohr in Festungslafette wurde 1843 als glatter 12-Pfünder-Vorderlader gegossen. 1867 erfolgte der Umbau zur gezogenen Hinterladerkanone. Das Rohr mit einem aufgeschraubten Mündungsstück – Kaliber jetzt 12,2 cm – zieren die verschlungenen Initialen FAR mit Krone für König Friedrich August II. (1836–1854). Auf dem linken Schildzapfen findet man die Jahreszahl 1843 und darunter GEZ 1867 (gezogen). Der rechte Schildzapfen zeigt die Angaben 12 PF Can. NO.1. Verschluss und Höhenrichtspindel sind aus den Bildern ersichtlich. Solche Festungsgeschütze in Wall-Lafette wurden bei Erfordernis von der Fußartillerie auch als Belagerungs- oder Positionskanonen eingesetzt.

Die sächsische Festungskanone in der Sammlung der Veste Coburg.

Initialen und Krone auf dem hinteren Feld des Rohres.
Fotos: H.J. Mehl

Englischer 40-pdr-RBL Armstrong 1862

Die im Festungsmuseum von Elizabeth Castle in St. Helier gezeigte 40-pdr-Kanone in Brustwehrlafette gehörte früher zur Artilleriebestückung des Forts Regent auf der Insel Jersey. Der gezogene Hinterlader mit Schraubverschluss wurde 1862 bei der Sir William Armstrong & Co. in Newcastle upon Tyne hergestellt. Die Lafette trägt die Bezeichnung CARRIAGE, SIEGE, R.B.L. 40 PR 6 FT Parapet. MARK I. Mit demselben Kaliber von 120 mm gab es auch noch eine Armstrong-Fraser-Kanone MARK III. von 1866, aber wieder als gezogener Vorderlader.

Die 40-pdr-Kanone im Festungsmuseum von St. Helier. *Foto: Touzin*

Die umgebaute 12-Pfünder-Kanone als Grabenwehr-Geschütz im Fort Uxegney. *Foto: Touzin*

Französische 12-Pfd.-Kanone in Festungslafette 1876

Zur Bestückung französischer Forts wurden nach 1855 auch ältere, glatte Vorderlader herangezogen, die zu gezogenen Hinterladern mit Schraubverschluss umgebaut wurden. Die hier gezeigte 12-Pfünder-Kanone steht als Grabenwehr-Geschütz in einer Kasematte im Fort Uxegney in der Nähe von Epiral. Die hohe Wandlafette wurde nach Originalunterlagen rekonstruiert. Eine Höchstschussweite war bei diesem Einsatz unerheblich, als Hauptmunition waren Kartätschen und Schrapnells vorgesehen.

Belgische 5,7-cm-Kasemattkanone auf Sockellafette

Für belgische Festungen fertigte die Firma Cockerill ab 1893 so genannte Kasemattkanonen mit einem Kaliber von 5,7 cm. Die auf einer Sockellafette mit kleinem Schutzschild aufgebauten Kanonen wurden in der Höhe mit einer Spindel und nach der Seite mit einem Richtarm gerichtet.

Das Gewicht in Feuerstellung betrug 1090 kg. Als Höchstschussweite wurden mit einer 2,7-kg-Spr.-Gr. (deutsche Munition mit Az) 6400 m erreicht. Von der deutschen Armee im 1. WK erbeutete Kanonen sollen auf 4-Tonnen-Kraftwagen ab 1917 auch zur Tankabwehr eingesetzt worden sein.

Eine 75-mm-Kanone Mle 1897 in Festungslafette im Park bei Verdun. *Foto: Touzin*

Eine 5,7-cm-Kasemattkanone in der Wehrtechnischen Studiensammlung in Koblenz. *Foto: Autor*

Französische 75-mm-Kanone Mle 1897 in Festungslafette

Zur Erinnerung an die Kämpfe um das französische Festungssystem um Verdun wurde diese 75-mm-Kanone in Festungslafette in einem Park bei Verdun aufgestellt. Das für die damalige Zeit moderne Rohrrücklaufgeschütz wurde für eine Festungsverwendung auf eine relativ einfache Stützlafette gesetzt. Vorn mit einem Pivotbolzen arretiert, konnte das Geschütz mittels zweier Schwenkräder unter der Stützplatte leicht gerichtet werden. Die ballistischen Daten dürften denen der normalen »75er« in Feldlafette entsprochen haben (Höchstschussweite um 6700 m). Mit dem Schnellladeverschluss von Nordenfelt konnten auch hier Feuergeschwindigkeiten von 20 S/Min erreicht werden.

Die 4-inch-Positionskanone im Forsvarsmuseet in Oslo. *Foto: Autor*

Englische 4-inch-Positionskanone M. 1871

Noch zu Schweden gehörend, wurden 1871 zwölf englische 4-inch-Positionskanonen für die Festung Akerhus in Oslo beschafft. Die gezogenen Vorderlader mit einem Kaliber von 101,6 mm in stählerner Wall-Lafette wurden bei Armstron & Co hergestellt. Die meisten Geschütze dieses Modells wurden später zu Hinterladern umgebaut. Bei der Rückkehr des neuen norwegischen Königs Haakon VII. am 9. Juni 1905 wurde mit diesen Geschützen Salut geschossen.

Russische 12-Pfünder-Festungskanone obr. 1867

Das abgebildete Festungsgeschütz mit einem Kaliber von 122 mm wurde 1867 hergestellt. Anfänglich noch mit Bronzerohren ausgerüstet, erhielten die späteren Modelle gusseiserne und stählerne Rohre. Die max. Schussweite mit einer 14,8-kg-Spr.-Gr. betrug 4690 m/23°. Mit Kartätschen – 100 Kugeln mit D = 15,9 mm – wurde eine effektive Schussweite von 1700 m erzielt. Ursprünglich auch als Belagerungskanonen vorgesehen, verblieben die Geschütze jedoch nur im Festungseinsatz.

Die 12-Pfünder-Festungskanone im Artilleriemuseum von St. Petersburg. *Foto: Autor*

Deutscher 15-cm-Festungsmörser C 82

Der Hinterlader-Bronzemörser wurde 1882 in der Geschützgießerei in Berlin-Spandau im Auftrag des Königreiches Sachsen hergestellt. Der Mörser gehörte zum Bestand des sächsischen Festungsartillerieregiments Nr. 12, 10. Kompanie (leichte Mörser). Das Rohr mit der Nr. 437 hat ein Gewicht von 687,5 kg. Mit gusseiserner Lafette (614 kg) kommt der Mörser auf ein Gesamtgewicht von 1300 kg. Über Handrad, Schnecke und Zahnbogen konnte in der Höhe gerichtet werden. Mit einer 40-kg-Spr.-Gr. erreichte man eine Schussweite von 2750 m (später 3900 m). Das Rohr trägt die gekrönten Initialen des sächsischen Königs Albrecht, umrahmt von dem Wahlspruch des Ritterordens der Rautenkrone PROVIDENTIAE MEMOR (Der Vorschlag eingedenk).

Der Bronzemörser auf einer Sonderausstellung in der Zitadelle von Spandau. Leihgabe Deutsches Historische Museum Berlin, Zeughaus.
Foto: Autor

Die 15-cm-kurze-Kanone im Armeemuseum der DDR in Dresden.
Foto: Autor

Deutsche 15-cm-kurze-Kanone 1877

Die kurzen und langen 15-cm-Kanonen mit bronzenen, gusseisernen und später stählernen Rohren gehörten über längere Zeit zur preußisch-deutschen Festungs- und Belagerungsartillerie. Die abgebildete Kanone in Wall-Lafette wurde 1877 in den Artillerie-Werkstätten in Spandau hergestellt. Sechs solcher Geschütze wurden 1877 für die sächsische Festung Königstein geliefert. Das Bronzerohr wurde 1892 mit einem Stahl-Seelenrohr und einem neuen Flachkeilverschluss versehen. Mit der Kanone konnten 27,8-kg-Spr.-Gr. (Schrapnell 39 kg) auf einer Schussweite von 4850 m (Schrapnell 3750 m) verschossen werden. Das Geschütz wurde 1945 als Beutegut in die damalige Sowjetunion überführt. In den 50er-Jahren erfolgte jedoch die Rückgabe an die DDR. Die Kanone hat heute wieder ihren Standort auf der Festung Königstein.

Dänisch-schwedische 15-cm-lange-Kanone M. 1887

Für die Bestückung der Landbefestigungsanlagen vor Kopenhagen beschaffte Dänemark 1889 26 lange 15-cm-Kanonen in Wall-Lafette M. 1881. Die Konstruktion dieser Geschütze erfolgte in Dänemark, die Herstellung jedoch in Schweden. Um auch aus nicht ausgebauten Stellungen schießen zu können, erhielten die schmalen Räder 1916 breite Eisenbänder. Ab 1920 gingen die Kanonen in den Bestand der schweren Feldartillerie Dänemarks. Der Transport erfolgte mittels Fahrprotzen durch LKW oder Traktoren. Die letzten Kanonen dieses Typs wurden erst 1941 außer Dienst genommen.

Oben: Der ausschwenkbare Schraubverschluss der Kanone.

Fotos: Autor

Links: Die 15-cm lange Kanone im Tøjhusmuseet in Kopenhagen.

Englischer 7-inch-RBL in Festungslafette 1862

Die von der Royal Gun Factory 1862 hergestellte Rohrwaffe ist hier noch in einer hölzernen Traversen-Lafette für Festungsverwendung eingelegt. Das Rohr mit Schraubverschluss hat ein Kaliber von 178 mm. Die Rohrlänge beträgt 3040 mm, der max. Durchmesser 710 mm. Das Rohr wiegt 4148 kg. Die

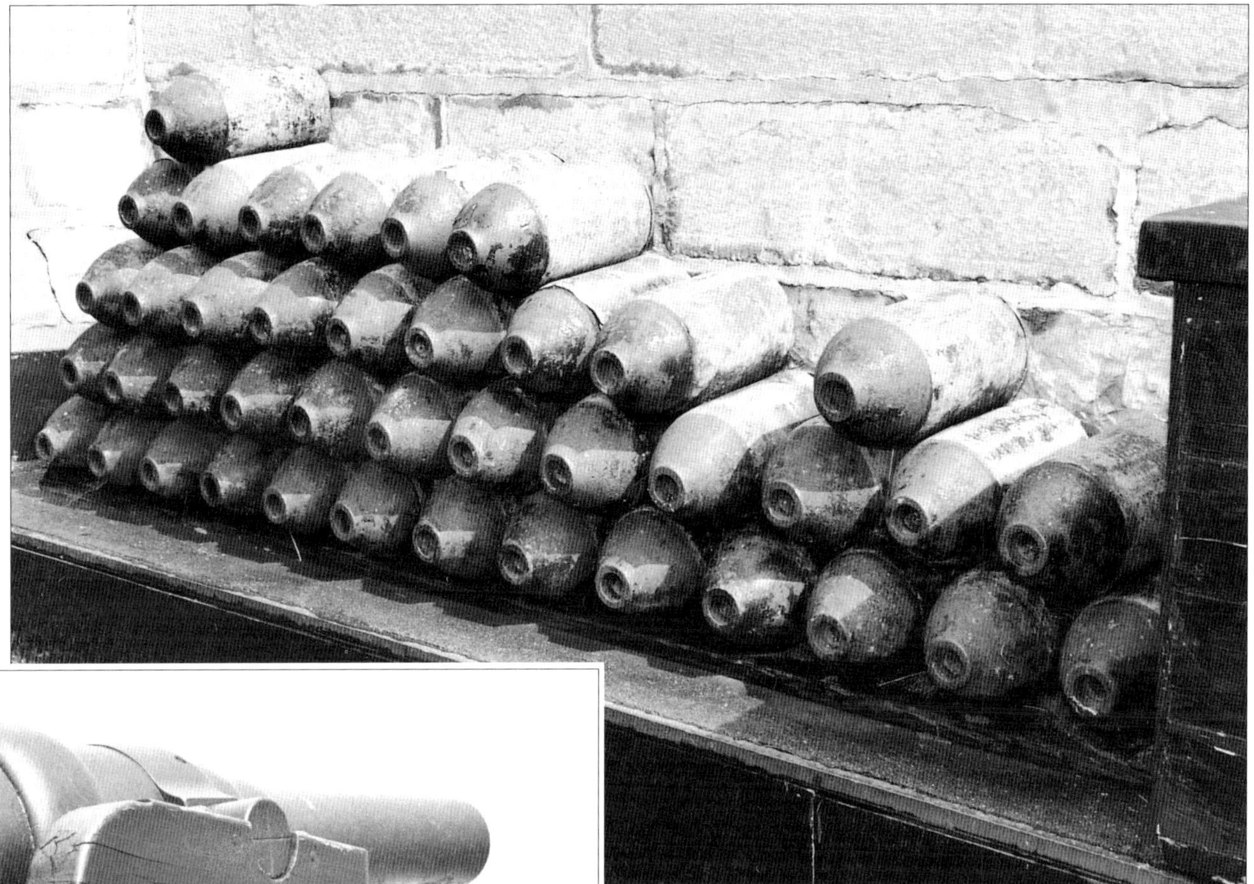

Oben: Die Sprenggranaten mit Bleimantel der 7-inch-Kanone.
Fotos: Autor

auch als »110-pounder gun« bezeichnete Waffe kam auch als Schiffsbewaffnung zum Einsatz (H.M.S. WARRIOR). Das Geschütz steht hier auf der Süd-Bastion im Fort Henry in Kingston, Kanada. Das zweite Bild zeigt die dazu gehörigen 47,3 kg schweren Sprenggranaten mit Bleimantel.

Links: Die 7-inch-Kanone auf der Süd- Bastion im Fort Henry.

Englische 6-inch-Festungskanone Mk IV in Verschwindlafette 1897

Quelle: Treatise on military carriages

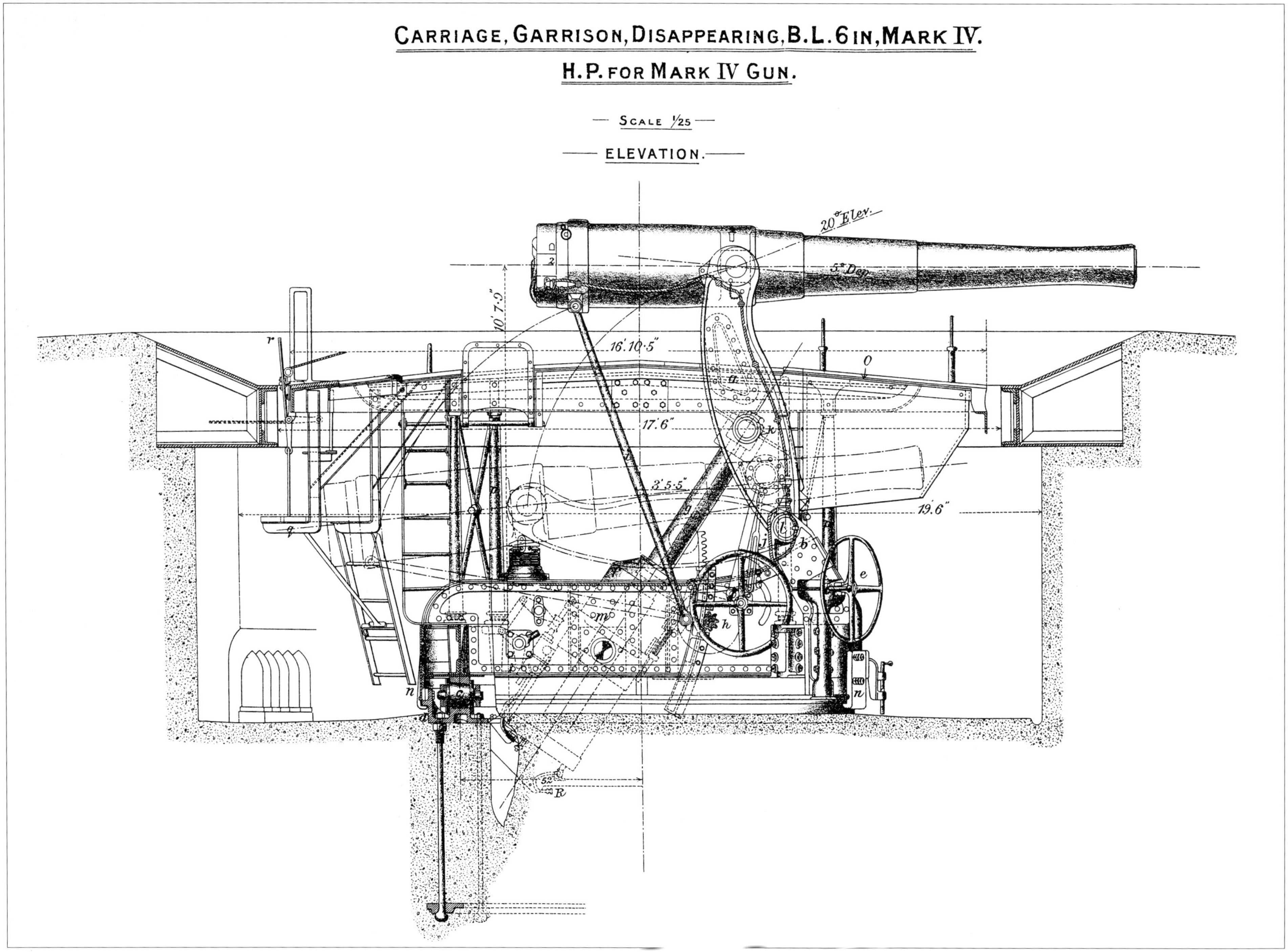

Der 8-Zoll-Mörser im Artilleriemuseum von St. Petersburg.
Foto: Autor

Russischer 8-Zoll-Festungsmörser obr. 1867

Neben den bronzenen 8-Zoll-Mörsern fertigten die Obuchov-Werke ab 1867 auch diesen stählernen Mörser für die Festungsartillerie. Das L/2,5-Rohr hat einen Höhenrichtbereich von –5° bis +75°. Die Festungslafette wurde 1869 vom Artilleriekomitee projektiert. Als »Leichter Mörser« war er mit Rädern und Protze für bespannten Zug ausgerüstet. Mit der 1. Ladung von 5,74 kg erreichte man mit einer 79,4-kg-Spr.-Gr. eine max. Schussweite von 5900 m.

Der 155-mm-Panzerturm im Fort Uxegney.

Französische Panzertürme im Fort Uxegney

Die gepanzerten Artillerietürme gehören zum französischen Alpenfort Uxegney in der Nähe von Epiral. Der größere von den Türmen, ein so genannter »Mougin«-

Panzerturm mit 75-mm-Kanone Mle 1905.

Turm, ist mit gegossenen Panzersegmenten mit Schießöffnungen für zwei 155-mm-de-Bange-Kanonen Mle 1878 abgedeckt. Der mit seinem Artilleriesystem schwenkbare Turm diente zur Bekämpfung entfernterer Einfallstäler

Eingefahrener Panzerturm mit 75-mm-Kanone Mle 1905.
Fotos: Touzin

bzw. vom Gegner besetzter Anhöhen. Die max. Schussweite der de-Bange-Kanonen betrug mit einer 40-kg-Spr.-Gr. rund 12000 m. Von den »Mougin«-Türmen sind 25 Exemplare hergestellt worden (weitere zwei im Fort Suchet und zwei im Fort Mont Agel). Der kleinere Turm, hier ausgefahren, ist mit einer gezogenen 75-mm-Kanone Mle 1905 mit Bronzerohr ausgerüstet. Der dritte Turm, ebenfalls mit einer 75-mm-Kanone ausgestattet, wird hier im eingefahrenen Zustand gezeigt.

Englische 10-inch-Kanone MK I in Festungslafette MK I um 1900

Quelle: Treatise on military carriages

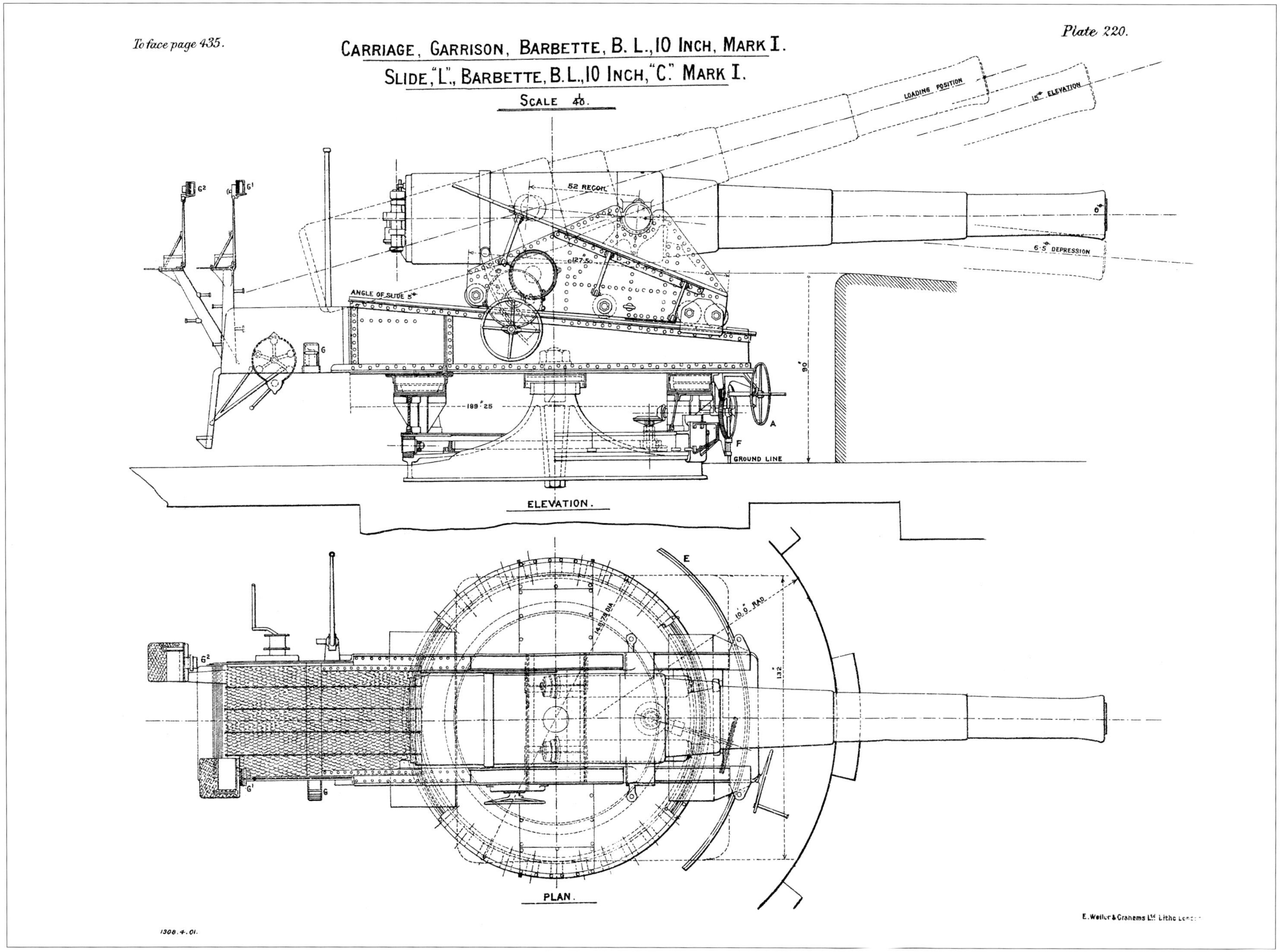

Gezogene Hinterlader der Belagerungsartillerie

Russische 107-mm-Belagerungskanone obr. 1877

Die Urversion dieser Belagerungskanone wurde 1877 von dem russischen Konstrukteur Maijevski entwickelt. 1880 fertigte die deutsche Firma A. Krupp im Auftrag der Hauptverwaltung der russischen Artillerie zwei Typen von Belagerungskanonen (Kaliber 10,5 und 12 cm), die 1881 einer russischen Kommission vorgeführt wurden. Russland übernahm per Lizenz einige der Konstruktionsideen, blieb jedoch bei seinem Kaliber 107 mm (4.2 Zoll). Die hier gezeigte Kanone wurde 1891 in den Obuchov-Werken in St. Petersburg hergestellt. Das 3735 mm lange Rohr war mit einem horizontalen Zylinderverschluss versehen. Auf hoher Wall-Lafette betrug der Höhenrichtbereich –8° bis +20°. Mit einer 15,6-kg-Spr.-Gr. erreichte man eine max. Schussweite von 5300 m. Die Kanone wurde bespannt mit acht Pferden gefahren (Bedienung 7 Mann). Noch 1900 verfügte die russische Armee über 720 solcher Geschütze. Viele von ihnen wurden noch im 1. WK eingesetzt.

Die 107-mm-Belagerungskanone im Artilleriemuseum von St. Petersburg. *Foto: Autor*

Französische 120-mm lange Kanone Mle 1878/1916

Die von Oberst de Bange entwickelten Geschütze mit unterschiedlichen Kalibern waren über eine längere Zeit die Standardgeschütze der französischen leichten und schweren Feld- und Belagerungsartillerie. Die 120-mm lange Kanone in Wall-Lafette hatte ein stählernes Rohr mit einer Länge von 3250 mm. Alle Waffen dieses Designs hatten de-Bange-Schraubverschlüsse. Verschossen wurden 18,2-kg-Spr.-Gr. auf einer max. Schussweite von 9500 m (später auf 12400 m gesteigert). Die bei Schneider-Creusot hergestellten Kanonen kamen ebenfalls noch im 1. WK zum Einsatz.

Eine 120-mm-de-Bange-Kanone mit Radschuhen und Auflaufkeilen. *Foto: Touzin*

Heute am St.-Gotthard-Pass: 12-cm-Ringrohrkanone in Stahlblechlafette mit Radschuhen. *Foto: Touzin*

Deutsche 12-cm schwere Ringrohrkanone Krupp 1877

Die heute am St.-Gotthard-Pass in der Schweiz aufgestellte 12-cm-Kanone in Wall-Lafette war für die Schweizer Armee als Festungs- und Positionskanone von Krupp beschafft worden. Die Feuerhöhe hinter Festungsmauern oder Wällen betrug 1830 mm. Die Waffe hatte einen Höhenrichtbereich von –3° bis +40°. Verschossen wurden u.a. 16,2-kg-Spr.-Gr. auf einer Höchstschussweite von 7900 m. Die Feuergeschwindigkeit betrug 2 S/Min.

Belgische 12-cm-Belagerungskanone M. 1863

Diese belgische Belagerungskanone war deutsches Beutegut im Deutsch-Französischen Krieg 1870/1871. Auf der Rohrmündung findet man die Prägung »LIEGE 1863« (Liège ist die frühere belgische Bezeichnung für Lüttich). Das Rohr mit der Nummer 266 ist mit einem Zylinderverschluss ausgerüstet. Die maximale Schussweite mit 15,2-kg-Spr.-Gr. betrug 5900 m.

Die belgische Belagerungskanone in der Zitadelle von Spandau. *Foto: Autor*

Französische 155-mm-Belagerungskanone Mle 1877

Zu der Reihe von Geschützen die von Oberst de Bange entwickelt wurden, gehört auch diese schwere Belagerungs- und Positionskanone in Wall-Lafette. Das Stahlrohr mit Schraubverschluss hat eine Länge von 4200 mm (L/27). Der Höhenrichtbereich betrug –10° bis +27°. Die Standard-Spr.-Gr. wog 40 kg. Als Höchstschussweite wurden 12700 m erzielt. Anfänglich wurde das Geschütz auf Protze von einem Achterzug gezogen. Im 1. WK konnten bereits Artillerietraktoren eingesetzt werden.

Rechts: Die 155-mm-Kanone mit Radschuhen und Auflaufkeilen in ausgebauter Feuerstellung. *Foto: Touzin*

Österreichische 15-cm-Belagerungskanone M. 1899

Die von SKODA weiter verbesserte 15-cm-Belagerungskanone M. 1899 wurde achtspännig mit Sattelprotze gefahren. Das gezogene Rohr aus Uchatius-Bronze war mit einem Querkeilverschluss versehen. Der Höhenrichtbereich betrug 0° bis +45°. Verschossen wurden u.a. 39-kg-Spr.-Gr. und 36,9-kg-Schrapnell. Die Höchstschussweite mit Spr.-Granate betrug 6000 m.

Links: Die gut restaurierte 15-cm-Kanone mit Bronzerohr im Militärmuseum von Budapest. *Foto: Autor*

Die 15-cm lange Kanone auf einer Sonderausstellung in der Zitadelle von Spandau. Leihgabe WTS Koblenz. *Foto: Autor*

Deutsche 15-cm lange Kanone C 91

Die lange 15-cm-Kanone mit Kastenlafette wurde 1892 bei Krupp hergestellt (Werks-Nr. 90). Auf hoher Wall-Lafette konnte man mit ihr hinter 2,4 m hohen Deckungen/Wällen schießen. Das Mantelringrohr mit einer Länge von 4080 mm hat 32 Züge mit Rechtsdrall und einen Seitenrundkeilverschluss. Die Lafette hat eine hydraulische Rücklaufbremse, zusätzlich wurden Auffahrkeile genutzt. Die max. Schussweite betrug 10200 m. Das Geschütz wird hier mit einem damals üblichen Fleckentarnanstrich gezeigt.

Russische 6-Zoll-Belagerungskanone obr. 1877

Nach einer ersten Version der 6-Zoll-Belagerungskanone obr. 1867 – die russische Armee besaß 1879 100 solcher Geschütze – wurde die Konstruktion 1877 überarbeitet und als Modell »6-Zoll obr. 1877/190 Pud« bei Obuchov und in Perm in die Produktion überführt. Das Kaliber dieser Geschütze beträgt 152,4 mm. Mit 33,2-kg-Spr.-Gr. wurde eine Höchstschussweite von 8900 m erreicht. Die Feuergeschwindigkeit betrug 1,5 S/Min. Das abgebildete Geschütz wurde 1904 im Geschützwerk in Perm hergestellt. Einige dieser Geschütze wurden im 1. WK noch bei der Positionsartillerie eingesetzt.

Die 6-Zoll-Belagerungskanone im Artilleriemuseum von St. Petersburg. *Foto: Autor*

Deutscher 21-cm-Mörser C 99

Ab 1899 wurden die bisherigen Bronzemörser bei der deutschen Festungs- und Belagerungsartillerie durch einen Stahlmörser gleichen Kalibers abgelöst. Mit der neu entwickelten Stahlgranate 14 – Gewicht 83 kg – wurden nun Schussweiten von 7700 bis 8200 m erreicht.

Für bespannten Zug verfügte der Mörser über Transporträder und eine Fahrprotze. In Belagerungsstellung oder auch bei der schweren Feldartillerie wurden die Räder abmontiert und die Lafette mit so genannten Schießrädern versehen. Bei Beginn des 1.WK waren noch 48 Mörser dieses Typs im Bestand der Fußartillerie, einige noch bei der Festungsartillerie.

Oben: Der Mörser mit Transporträdern und Protze im Militärmuseum von Brüssel. *Foto: Touzin*

links: Der 21-cm-Broncemörser mit Schießrädern in Feuerstellung.
Foto: Archiv MHM der Bundeswehr Dresden.

Russische 8-Zoll-leichte-Stahlkanone obr. 1877

Obwohl diese Kanonen noch die Musterbezeichnung obr. 1877 führten, waren sie Weiterentwicklungen, die auf einer Neuprojektierung durch das Artilleriekomitee im Jahre 1885 basierten. Bis 1882 lieferte Obuchov zwei erste Versuchsgeschütze, die nach erfolgreicher Erprobung in Serie gingen. Mit Befehl Nr. 177 vom 11. Dezember 1892 wurden sie offiziell bei der Festungs- und Belagerungsartillerie eingeführt (inoffizielle Bezeichnung M.92). Bis 1906 fertigte Obuchov 23 und das Geschützwerk in Perm 44 dieser Kanonen. Die gezogenen Stahlrohre mit Seitenkeilverschluss hatten ein Kaliber von 203 mm. Die Höchstschussweite mit einer 98,4-kg-Spr.-Gr. betrug 5540 m. Im August 1923 sollen noch einige dieser Geschütze im Bestand der neu aufgebauten Roten Armee gewesen sein, hier allerdings nur als Reservegeschütze der 3. Kategorie (Shirokorad).

Zwei 8-Zoll-Kanonen an einem Kriegerdenkmal. *Foto: Touzin*

Zeichnerische Darstellung deutscher Belagerungsgeschütze

Quelle: Meyers Konversations-Lexikon, 1894

1. 15 cm-Ringkanone in eiserner Belagerungslafette C/72.

2. 21 cm-Mörser in eiserner Belagerungslafette.

3. 15 cm-Mörser aus Hartbronze in Festungs- und Belagerungslafette, mit Schießrädern.

III. Feldkanonen, Haubitzen und Mörser bis 1920

Infanteriegechütze und Feldkanonen

Deutsche 7,5-cm-Feldkanone Rh 1902

Der deutsche Konstrukteur und Unternehmer Heinrich Erhard und seine engsten Mitarbeiter setzten mit ihren Arbeiten zur Schaffung von Geschützen mit Rohrrücklauf Maßstäbe bei der Entstehung einer neuen Geschützgeneration. Unter Nutzung des Patents von K. Haußner (1891) war nach vielen Versuchen und Erprobungen das erste funktionsfähige Geschütz mit langem Rohrrücklauf 1898 fertig gestellt. Das deutsche AOK verhielt sich noch abwartend, wogegen Großbritannien im Jahre 1900 mit einem Geheimauftrag gleich 18 komplette Batterien bestellte. 1902 bestellte Norwegen 22 Batterien und im gleichen Jahr die USA 50 Geschütze mit Munition. Um den großen Bedarf zu decken, ließ Erhardt die Geschützrohre in Düsseldorf, die Lafetten und Rücklaufbremsen in Eisenach und die Verschlüsse (Patent Nordenfelt) in Zella herstellen. Die standsichere Kanone M. 1902 – Rohrlänge 2250 mm – verschoss 6,5-kg-Spr.-Gr. mit einer Höchstschussweite von 5600 m. Mit dem Schnellladeverschluss von Nordenfelt erreichte man eine Feuergeschwindigkeit von 20 S/Min. Mit der Herstellung von Rücklaufbremsen und Keilverschlüssen war Rheinmetall ab 1904 auch in großem Umfang am Umbau der 7,7-cm- FK C 96 n. A. von Krupp beteiligt.

Oben: Die 8-cm-FK M 5 von SKODA als Trophäe im Artilleriemuseum von St. Petersburg. *Foto: Autor*

Oben: Das erste 7,5-cm-Seriengeschütz M. 1902, Werks-Nr. 64, in der firmeneigenen Studiensammlung von Rheinmetall W & W.
Rechts: Der Nordenfelt-Verschluss an der 7,5-cm-FK.
Fotos: Autor

Österreichische 8-cm-Feldkanone M 5/1905

Die abgebildete 8-cm-l.F.K. wurde 1906 bei SKODA in Pilsen hergestellt. Das 2310 mm lange Rohr hat ein Kaliber von 76,5 mm. Der Höhenrichtbereich beträgt –10° bis +45° (Seite 8°). Die Höchstschussweite mit einer 8-kg-Spr.-Gr. betrug 7200 m. Das Geschütz wurde mit einem Sechserzug gefahren. Als Feuergeschwindigkeit wurden 10 bis 15 S/Min erreicht.

Österreichische 8-cm-Feldkanone SKODA M. 05

Quelle: Die heutige Feldartillerie, 1909

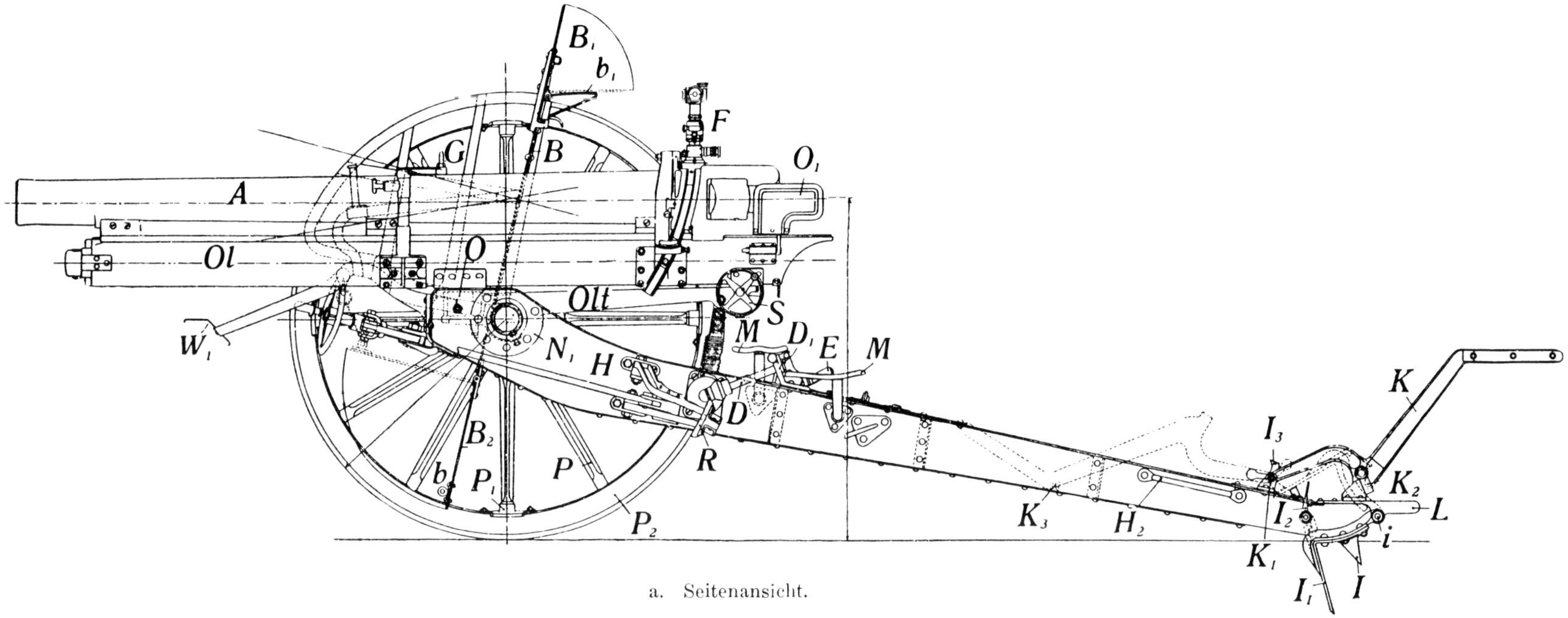

a. Seitenansicht.

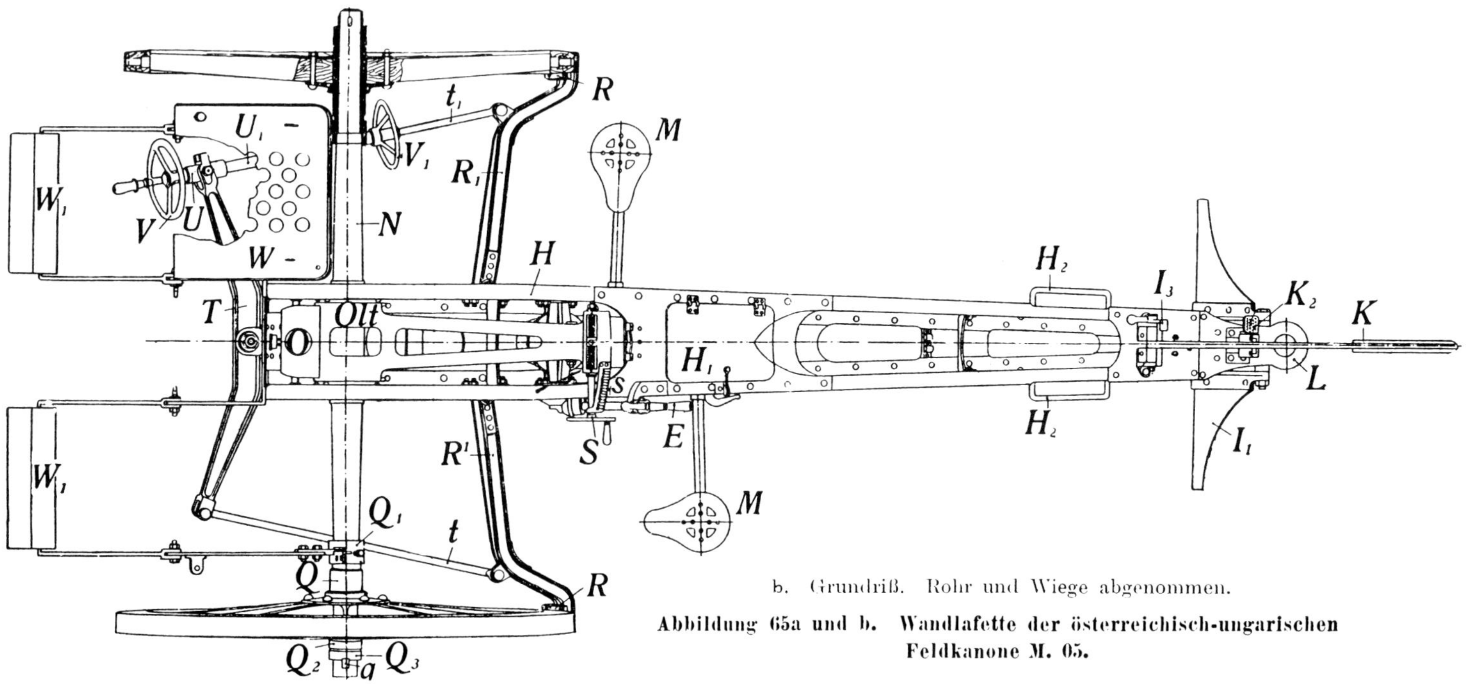

b. Grundriß. Rohr und Wiege abgenommen.

Abbildung 65a und b. Wandlafette der österreichisch-ungarischen Feldkanone M. 05.

Österreichisches 3,7-cm-Infanteriegeschütz M.15

Leichte Infanteriegeschütze gehörten im 1. WK noch nicht zur Standardausrüstung aller beteiligten Armeen. In Österreich-Ungarn entschied man sich jedoch für die Bereitstellung kleiner Infanteriegeschütze, die vornehmlich auch im Gebirgskampf eingesetzt werden sollten. Die von SKODA entwickelte Kanone wurde im Rahmen des Kriegsprogramms auch von anderen Firmen hergestellt bzw. komplettiert. Das Rohrrücklaufgeschütz hatte einen Fallblockverschluss. Eine Besonderheit war die Ausführung mit einer Ober- und Unterlafette. Sie gestattete das Drehen des Geschützes auf der Unterlafette je nach Erfordernis um 180° (kein Seitenrichtbereich!). Schoss man in Richtung des abnehmbaren Rohrholms, ging der Höhenrichtbereich von –10° bis +45°. Entgegengesetzt konnte von –45° bis +45° geschossen werden (Gebirgskampf). Je nach Schussrichtung wurde das Geschütz noch mit zwei schwenkbaren Stützen abgestützt. Verschossen wurden 0,54 und 0,64 kg schwere Spr.-Gr. Bei einer Vo von 172 m/s betrug die max. Schussweite 2400 m. Der Transport konnte in mehreren Varianten erfolgen. In drei Lasten zerlegt, wurde es von der Bedienung getragen, mit zwei Lasten konnte es auf Tragtieren transportiert werden, und mit einer kleinen Munitionsprotze wurde sogar das Fahren mit zwei Zughunden praktiziert. Bei verschiedenen örtlichen Situationen durchaus bewährt, entsprach die kleine Kanone schon bald nicht mehr den Anforderungen und wurde zunehmend durch die 7,5-cm-Gebirgskanone M. 15 ersetzt.

Rechts: Das Infanteriegeschütz mit Normalschussrichtung ...

Links: ... und um 180° gedreht mit eingeschränktem Höhenrichtbereich. Museo Storico Italiano della Guerra Rovereto. *Fotos: Autor*

Französisches 37-mm-Infanteriegeschütz Mle 1916 T.R.

Auch in Frankreich war man bemüht, für die ständigen Gegenangriffe im Stellungskrieg 1916 der Truppe ein leichtes Infanteriegeschütz zur Verfügung zu stellen. Die vom staatlichen Atélier Puteaux entwickelte 37-mm-Kanone mit L/22-Rohr war ein Rohrrücklaufgeschütz mit Nordenfelt-Verschluss. Der Höhenrichtbereich ging nur von 0° bis +21°, wogegen die Seite mit 40° genommen werden konnte. Mit einer 0,45-kg-Spr.-Gr. erreichte man eine max. Schussweite von 2400 m. Das Geschütz wurde entweder in vier Teillasten von der Bedienung getragen, oder auf einem kleinen Wagen mit Hilfsprotze einspännig gefahren. In ausgebauter Stellung konnten die Räder abgenommen und mit der abgesetzten Kanone geschossen werden. Noch im 1. WK wurden solche Geschütze von Großbritannien und Belgien sowie ab 1917 auch von den USA (620 Geschütze) käuflich erworben.

Ein 37-mm-Infanteriegeschütz Mle 1916 TR im Museo Storico Italiano della Guerra in Rovereto, Italien. *Foto: Autor*

Russische 3-Zoll-Divisionskanone obr. 1902

Die 3-Zoll-FK obr. 1902 war das Hauptgeschütz der russischen leichten Feldartillerie im 1.WK. Als Nachfolger der 3-Zoll-FK obr. 1900 (starres Geschütz) wurde die neue FK als Rohrrücklaufgeschütz mit einer Erhardtschen hydromechanischen Brems- und Vorholeinrichtung ausgestattet. Mit Schnelllade-Schraubverschluss und Schutzschild erfüllte auch sie alle Kriterien einer modernen Schnellfeuerkanone. Das 2286 mm lange Rohr hat ein Kaliber von 76,2 mm. Die max. Schussweite mit einer 6,5-kg-Spr.-Gr. betrug 8850 m/45°. Am 1. August 1914 waren bei der fahrenden Feldartillerie 5480 und bei den reitenden Batterien 432 Geschütze im Bestand (Reserve 802 Geschütze). Die Herstellung erfolgte sowohl bei den Putilov-Werken wie auch bei Obuchov und im Geschützwerk Perm.

Oben: Der Schraubverschluss an der russischen FK. Fotos: Autor

Rechts: Die russische 3-Zoll-FK obr. 1902 in der firmeneigenen Studiensammlung von Rheinmetall W & W.

Italienische 7,5-cm-Feldkanone M 06

Die 7,5-cm-FK M 06 von der italienischen Firma Ansaldo war ein für die damalige Zeit modernes Feldgeschütz. Unter Nutzung einiger ausländischer Patente und Lizenzen war sie 1906/07 eines der ersten Rohrrücklaufgeschütze der italienischen Feldartillerie. Fortlaufend verbessert kam dieser Geschütztyp auch noch im 2. WK zum Einsatz. Das 2030 mm lange Rohr ist mit einem Querkeilverschluss ausgestattet. Die Lafette wurde im Arsenal von Genua hergestellt (Gewicht in Feuerstellung 1080 kg). Als max. Schussweite mit verbesserter Munition wurden 10200 m erreicht (6,35-kg-Spr.-Gr.).

Oben: Eine 1917 hergestellte 7,5-cm-FK mit modernisierten Vollgummirädern aus der Zeit des 2. WK. in der Wehrtechnischen Studiensammlung in Koblenz. Foto: Autor

Eine 13-pdr-FK der RHA im Imperial War Museum in London.
Foto: Autor

Englische 13-pdr-Feldkanone Mk I 1904

Mit den Erfahrungen des südafrikanischen Burenkrieges begann in Großbritannien ab 1903 die Entwicklung von neuen Feldkanonen im Rahmen eines so genannten »Zwei-Kanonen-Programms«. Die erste dieses Programms war die Q.F. 13 pdr Mark I mit einem Kaliber von 76,2 mm. Das für die reitende Artillerie (Royal Horse Artillery) vorgesehene Geschütz hatte ein Gewicht in der Feuerstellung von 1015 kg. Das 1860 mm lange Rohr hatte einen Höhenrichtbereich von –5° bis +16°. Die Mk-I-Version erreichte mit einer 5,9-kg-Spr.-Gr. eine Höchstschussweite von 5640 m (später auf 7000 m gesteigert). Das Geschütz mit Rohrholm-Lafette und Schutzschild wurde das Standardgeschütz der englischen reitenden Artillerie im 1. WK. Nach der Erstarrung zum Stellungskrieg wurden viele der 13-pdr-FK zurückgezogen und zu Flak-Geschützen auf Kraftwagen umgebaut. Eine Traditionsbatterie der RHA mit 13-pdr-FK schießt bis heute bei königlichen und staatlichen Feierlichkeiten den Ehrensalut.

Französische 75-mm-Feldkanone Mle 1897/1914

Die bereits bei den Feldgeschützen bis 1900 vorgestellte »75er« wurde fortlaufend verbessert und modernisiert. Die Höchstschussweite mit einer 6,2-kg-Spr.-Gr. konnte auf 11100 m erhöht werden. Hersteller der Rohrwaffen war die Fonderie de Bourges, die Lafetten kamen von Schneider et Cie., Le Creusot. Von den in größerer Stückzahl durch die Deutsche Wehrmacht erbeuteten Geschützen wurden ab 1942 über 600 Rohrwaffen in die Lafette der deutschen 7,5-cm-Pak 38 eingelegt (7,5-cm-Pak 97/38). Das Rohr erhielt einen Mündungsdämpfer (Vo bis 675 m/s). Weitere erbeutete Geschütze wurden auch bei der deutschen Küstenartillerie eingesetzt (HKB).

Unten: Eine 1915 hergestellte »75er« aus dem Bestand der polnischen Armee im Militärmuseum in Warschau. *Foto: Begler*

Englische Q.F. 18-pdr-Feldkanone Mk IV 1904

Als zweites Geschütz im Rahmen des »Zwei-Kanonen-Programms« wurde ab 1903/04 eine 18-pdr-FK für fahrende Batterien der Royal Artillery entwickelt. Charakteristisch auch hier die Anordnung der Rücklaufbremse und Vorholer oberhalb des Rohres. Die Rohrwaffe mit einem Kaliber von 8,4 cm wurde von Armstrong entwickelt, wogegen die Rücklaufbremse von Vickers und die Lafette vom Royal Arsenal in Woolwich kamen. Das Rohr mit Schraubverschluss hatte eine Länge von 2460 mm. Als Höchstschussweite wurden 1904 mit einer 8,4-kg-Spr.-Gr. 5960 m/16° erreicht (später 8700 m). Bis 1918 wurden für die britischen, amerikanischen und alle verbündeten Commonwealth-Streitkräfte 9244 Geschütze dieses Typs gebaut. Noch 1919 waren 18-pdr-FK der 67. Batterie der kanadischen Feldartillerie in Nordrussland im Einsatz. Einige wurden später auf ein Kaliber von 87,6 mm aufgebohrt und erhielten eine Spreizlafette mit luftbereiften Rädern.

Links: Eine 18-pdr-FK Mk II im Canadian War Museum in Ottawa.
Unten: Rückansicht des Geschützes. *Fotos: Autor*

Eine 21-cm-Sprenggranate mit Bleimantel als Blindgänger-Bodenfund. Sammlung Peter Tamm.
Foto: Autor

Eine 10-cm-FK 04 im Militärmuseum in Brüssel. *Foto: Touzin*

Deutsche 15-cm-schwere-Feldhaubitze M/06, Baujahr Krupp 1907, aus der Bewaffnung der schwedischen Feldartillerie. *Foto: Meyer*

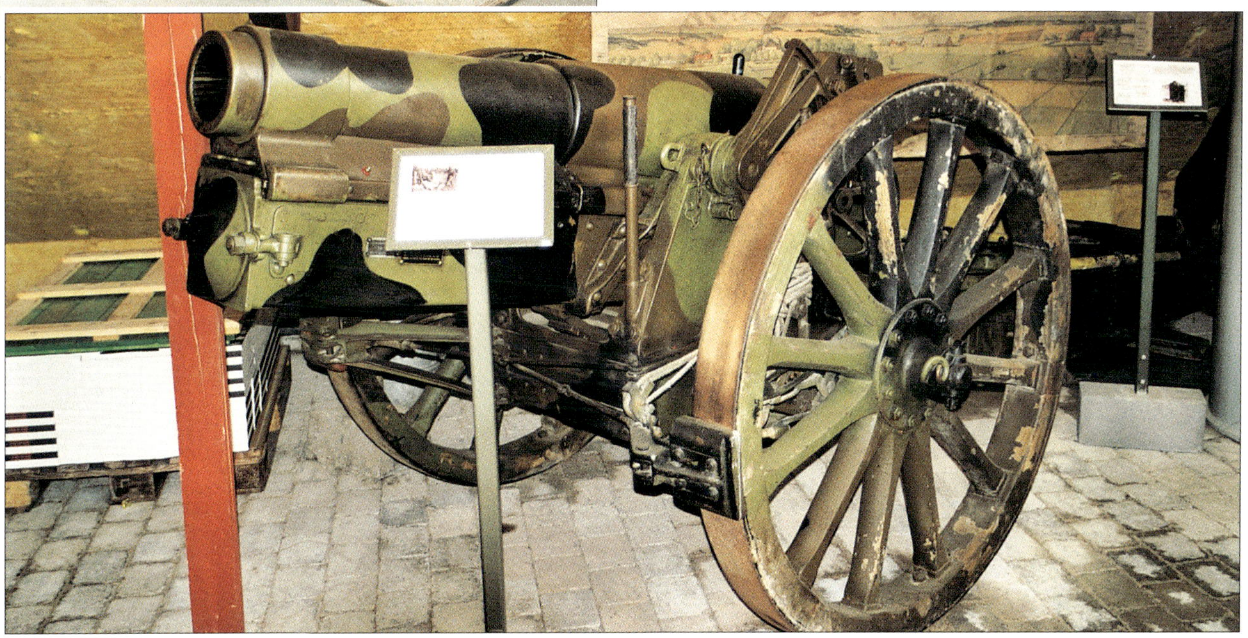

Deutsche 10-cm-Feldkanone 04

Die 10-cm-FK 04 von Krupp war eine Weiterentwicklung der K 02 (nur Lafettenrücklauf).

Als Rohrrücklaufgeschütz mit Bremse und Vorholer – Rohrlänge 3130 mm – hatte das Geschütz eine wesentlich bessere Standsicherheit und Treffgenauigkeit. Allerdings genügten die Schussleistungen nach Eintritt in den 1. WK schon bald nicht mehr den Anforderungen.

Mit einer 18-kg-Spr.-Gr. 15 wurden Schussweiten um 11.000 m erreicht. Das Geschütz ließ sich für einen Gebirgseinsatz auch in Teillasten zerlegen. Diese wurden auf drei speziellen Transportwagen von je drei Pferden im Tandemzug gefahren.

Eine französische 155-mm-K Mle 1917 in Florø, Norwegen. Beachte: Rohr in Marschlage. *Foto: Meyer, 2002*

Französische 155-mm-Kanone Mle 1917

Die noch zum Ende des 1.WK von Schneider et Cie., Le Creusot, entwickelte 155-mm-Kanone war eine leistungsstarke Waffe mit einer max. Schussweite von 17300 m. Von diesem Typ wurden noch 410 Exemplare ausgeliefert. Ab 1920 kaufte Belgien einen Teil der Geschütze auf. Ende der 20er-Jahre für Motorzug modernisiert, waren bei Ausbruch des 2. WK noch eine größere Anzahl in Gebrauch. Von der Deutschen Wehrmacht im 2. WK erbeutete Geschütze wurden als 15,5-cm-K 416 (f) und (b) bei Küstenbatterien (HKB) in Frankreich und in Norwegen wie auch als Feldgeschütze an der Ostfront eingesetzt. Die Rohrlänge bei diesem Modell betrug 4680 mm. Verschossen wurden Spr.-Gr. mit einem Gewicht von 43 kg (Vo = 655 m/s). Da der Seitenrichtbereich nur 4° betrug, wurden die Geschütze in Küstenbatterien oft auf eine schwenkbare Plattform gesetzt.

Das noch mit einem Kastenholm ausgestattete Geschütz erhielt u.a. Stahlräder mit Gummibelag für Motorzug.

Die Rohrlänge beträgt hier 1930 mm. Mit 13,3-kg-Spr.-Gr. wurde eine max. Schussweite von 9280 m/48° erreicht. Die leichte FH wurde nach 1918 auch von der neuen österreichischen Armee übernommen.

Die 10,5-cm-leFH als modernisierte Version im War Museum von Athen. Fotos: Autor

Österreichische 10-cm-leichte-Feldhaubitze M. 14/17

Die vormals österreichisch- ungarische 10-cm l.F.H. entstand bei SKODA/Pilsen durch Einlegen des Rohres der Gebirgshaubitze M. 16/19 in eine Feldlafette. Nach 1918 übernahm Italien viele dieser Geschützmodelle. In Italien unter der Werks-Nr. 023476 modernisiert, erhielt das Geschütz die Bezeichnung »Obice da 100/17 modello 14«.

Schwedische 12-cm-Feldhaubitze Bofors M.14

Die 12-cm-FH von der AB Bofors wurde hauptsächlich für den Export gebaut. 1915/16 schloss Bofors mit Norwegen und Holland einen Vertrag zur Lieferung mehrerer Batterien samt Munitionsausstattung. Die meisten Geschütze wurden jedoch erst 1919 ausgeliefert.

Das Rohr der Haubitze hat eine Länge von 1420 mm. In Feuerstellung wog das Geschütz 1610 kg. Die Höchstschussweite mit einer 16,5-kg-Spr.-Gr. lag bei 6050 m/40° (Vo = 317 m/s).

1940 waren noch 40 dieser Haubitzen im Bestand der holländischen Feldartillerie. Deutsche Beutegeschütze erhielten die Bezeichnung »12-cm-leFH 373 (h)«.

Eine 1919 hergestellte 12-cm-FH von Bofors im Museum von Hegra, Norwegen
Foto: Meyer

Eine bei Krupp 1918 hergestellte 15-cm-sFH 02 auf einer Sonderausstellung in der Zitadelle von Spandau (Werks-Nr. 1304). Leihgabe Wehrtechnische Studiensammlung Koblenz.
Foto: Autor

Beschreibung siehe S. 144.

Eine 8-inch-Mk VIII, Baujahr 1916, im kanadischen Militärdepot in Nicole.
Foto: Autor

Englische 8-inch-Haubitze Mk VI und Mk VIII

Die von Vickers gebauten 203-mm-Haubitzen Mk VI, VII und VIII stellten weiterentwickelte Versionen der Vorläufermodelle Mk I bis Mk V dar. Die Mk VI bis VIII wurden auch in den USA bei der Midvale Steel Company hergestellt (für Großbritannien 678 Geschütze). Ab 1916 lieferte Vickers auch 31 Haubitzen Mk VI an Russland. Auch von den USA erhielt Russland 1917 41 dieser Haubitzen. Im russischen Perm modernisiert, waren viele der Haubitzen noch bis 1943 im Bestand der Sowjetarmee. Die Mk VIII hatte einen Höhenrichtbereich von 0° bis +45° (Seite 8°). Die Rohrlänge mit Schraubverschluss beträgt 3760 mm. Verschossen wurden u.a. 90,7 kg schwere Spr.-Granaten auf einer max. Schussweite von 11250 m. Das Geschütz mit Stahlspeichenrädern kam auf ein Gefechtsgewicht von rund 9100 kg. Da auch im 2. WK dringend schwere Haubitzen benötigt wurden, modernisierte man viele Geschütze mit luftbereiften Rädern für Motorzug. Einige Lafetten wurden auf die neu entwickelte 182,9-mm-Rohrwaffe Mk I bis IV umgerüstet.

Die 1917 an Russland gelieferte Mk-VI-Version steht heute im Artilleriemuseum in Finnland.
Foto: Archiv Touzin

Deutscher 21-cm-Mörser und 21-cm langer Mörser.

Die Erprobung der von Krupp und Rheinmetall neu entwickelten 21-cm-Mörser mit Rohrrücklauf erfolgte von 1906 bis 1908. Nach mehreren Änderungen wurde 1910 der Mörser von Krupp durch das AOK angenommen und eingeführt. Die Version mit einem kurzen L/12-Rohr – genaues Kaliber 211 mm – erreichte mit einer 120-kg-Spr.-Gr. (Sprengladung 15 kg) eine max. Schussweite von 9300 m. Das rund 9790 kg schwere Geschütz wurde in zwei Lasten gefahren. Während des 1. WK wurde schon 1915 die Forderung nach Vergrößerung der Schussweite erhoben. Durch eine Verlängerung des Rohres erreichte man bei gleicher Munition nun eine Höchstschussweite von 10250 m. Das ab 1916 zugeführte Geschütz erhielt die Bezeichnung »21-cm langer Mörser«. Generell waren die 21-cm-Mörser das Hauptgeschütz der schweren Artillerie bei den Fußartillerieregimentern. Im Oktober 1918 waren trotz hoher Verluste noch 219 (normale) und 489 lange Mörser im Bestand. Laut den Bestimmungen des Vertrages von Versailles mussten diese Mörser nach dem 1. WK verschrottet werden. 23 von ihnen überstanden jedoch diese Aktion und fanden nach einer Modernisierung nochmals Verwendung bei der schweren Artillerie der Deutschen Wehrmacht.

Dieser 21-cm-lange-Mörser, hergestellt 1917, steht heute in der Citadelle von Quebec in Kanada. *Foto: Autor*

Diese 75-mm-GebK Mle 1919 von Schneider gehörte zur Ausrüstung der griechischen Gebirgsartillerie (War Museum Athen). *Foto: Autor*

Französische 75-mm-Gebirgskanone Mle 1919

Zur Ablösung der älteren 65-mm-GebK Mle 1906 forderten französische Offiziere der Gebirgsartillerie schon vor dem 1. WK die Entwicklung eines leistungsfähigeren Geschützes.

Obwohl die Entwicklung bei Schneider angelaufen war, konnten die ersten Geschütze erst 1919 ausgeliefert werden. Umso größer war allerdings der Exporterfolg. Gleich für mehrere Batterien gingen die »Canon de 75 M (montagne)« Mle 1919 an Brasilien, Chile, Spanien, Jugoslawien, Griechenland und Polen. Aufbauend auf Konstruktionselemente der Vorkriegszeit – hochklappbarer Teil der Kastenlafette, Absenken des Geschützes durch verstellbare Radachsen, Zerlegung in 7 Teillasten –, wies das Geschütz wesentlich bessere Schussleistungen als die 65-mm-GebK auf. Die max. Schussweite mit einer 6,33-kg-Spr.-Gr. betrug nunmehr 9025 m (65er 5500 m). Die Feuergeschwindigkeit war trotz getrennter Munition (4 Ladungen) zufrieden stellend. Im 2. WK von der Deutschen Wehrmacht in Frankreich, Jugoslawien, Griechenland und Polen erbeutete Geschütze wurden weiter genutzt.

Eine 13-pounder-Feldkanone der »E-Battery« des 1st Regiment, Royal Horse Artillery, schießt 1984 anlässlich des 90. Jahrestages des Eingreifens britischer Artillerie im 1. Weltkrieg Salut bei Péronnes in Belgien.
Foto: Cadman

Foto: National Park Schipka

Foto: Archiv Autor

Deutsche 8,7-cm-Feldkanonen für Russland

Die Abb. links oben zeigt eine Batteriestellung der russischen 2. Batterie der 9. Artilleriebrigade im bulgarischen Nationalpark-Museum am Schipka-Pass. Die als »Stählerne Batterie« bezeichnete Einheit wehrte im Russisch-Türkischen Krieg am 9. August 1877 wiederholte Angriffe der türkischen Armee mit Granat- und Schrapnellfeuer ab. Die sechs Geschütze der Batterie sind deutsche 8,7-cm-Feldkanonen C 73 von Krupp.

Österreichische 7,5-cm-Gebirgsgeschütze für die Türkei

Die alte türkische Fotopostkarte zeigt türkische Artilleristen bei der Ausbildung (links unten) an einer österreichischen 7,5-cm-Gebirgskanone M.15. Außer Gebirgsgeschützen lieferte Österreich-Ungarn auch Feldkanonen sowie leichte und schwere Feldhaubitzen an die im 1. WK verbündete Türkei.

Foto: Archiv Autor

Ein seltenes Ereignis

Im Kriegsmuseum in Rovereto in Italien wird ein Exponat gezeigt, das die Durchschlagswucht einer italienischen 105-mm-Granate bei einer Radachse der Eisenbahn demonstriert. Die Granate durchschlug bei einem Artilleriebeschuss eines von den Österreichern genutzten Bahnhofs am 22. Juni 1918 die Radscheibe und blieb als Blindgänger in dieser stecken.

gestellt. Die Rohrlänge beträgt hier 2030 mm. Eine Spreizlafette erlaubte einen Höhenrichtbereich von –15° bis +65°. In Feuerstellung wog das Geschütz 1076 kg. Mit einer 6,35-kg-Spr.-Gr. wurde eine Höchstschussweite von 8100 m erreicht (später 10.200 m). Die Feuergeschwindigkeit betrug 4 bis 6 S/Min.

Links: Die italienische 75-mm-FK M. 1911 am Memorial in Asiago in Italien. *Foto: Grote*

Unten: Rückansicht der 75-mm-FK M. 1911. Museo Storico Italiano della Guerra, Rovereto. *Foto: Autor*

Italienische 75-mm-Feldkanone M. 1911

Die »Cannone da 75/27 modello 11« von Ansaldo wurde ursprünglich für die fahrende Artillerie italienischer Kavallerieverbände entwickelt. Im 1. WK wurden mit diesem Geschütz auch normale Batterien der Feldartillerie auf-

Deutsche 7,7-cm-Feldkanone Rh 16

Auf Forderung der deutschen Front im 1. WK entwickelte Rheinmetall 1915/16 eine neue Feldkanone, die wohl als das beste deutsche leichte Feldgeschütz bezeichnet werden kann.

Mit gleichem Kaliber 7,7 cm wie die FK C 96 n. A. war das Geschütz zwar um 150 kg schwerer (1325 kg), erreichte aber dafür eine max. Schussweite von 9100 m (später 10500 m). Das 2695 mm lange Rohr hatte einen rechtsseitigen Keilverschluss. Ab Frühjahr 1917 kam das Geschütz in bespannten Batterien an die Front. Bei Ende des 1. WK waren noch 3020 Geschütze im Bestand, einige Geschütze verblieben bei der Deutschen Reichswehr. Lieferungen erfolgten auch an die Türkei und Bulgarien, später auch an Finnland.

Oben: Eine belgische 10,5-cm-FK M. 1904 im Forsvarsmuseet in Oslo. *Foto: Trapp*

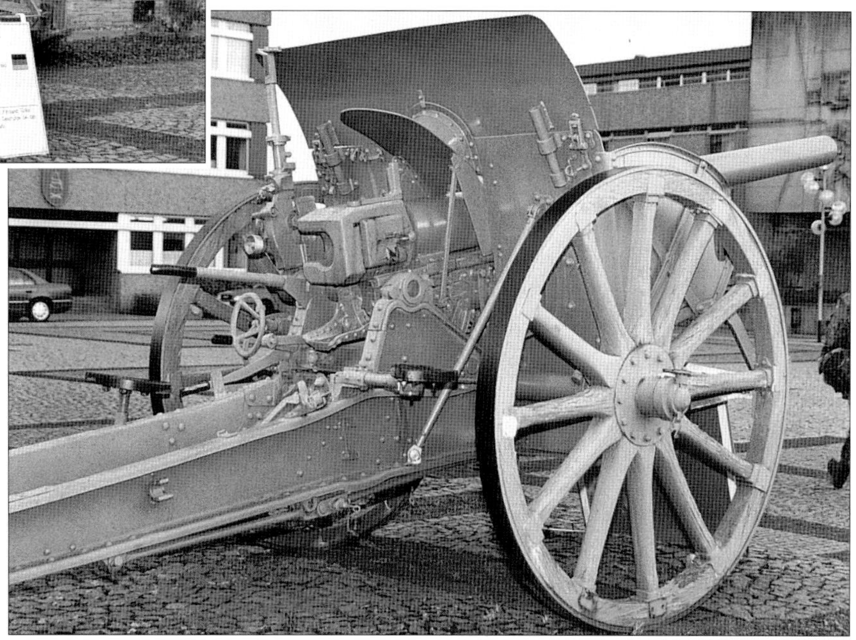

Rechts: Eine 7,7-cm-FK 16 in der Artillerieschule des Heeres in Idar-Oberstein.

Oben: Geschenk der U.S. Army Artillery School im Fort Sill. *Fotos: Autor, 2002*

Belgische 10,5-cm-Feldkanone M. 1904

Die 10,5-cm-FK M. 1904 war eine Entwicklung der belgischen Firma Cockerill. Das Rohr mit einer Länge von 3990 mm hatte einen Schraubverschluss von Nordenfelt. Das Höhenrichten erfolgte noch mit einer vertikalen Richtspindel mit Handrad. Modernisierte Geschütze kamen auch noch im 2. WK zum Einsatz. Einige von der Deutschen Wehrmacht erbeuteten Geschütze wurden luftbereift auch von deutschen Heeresküstenbatterien in Norwegen eingesetzt.

Eine 107-mm-Div.-Kanone obr. 1910 im Artilleriemuseum von St. Petersburg. *Foto: Autor*

Russische 107-mm-Divisionskanone obr. 1910

Die 107-mm-Div.-Kanone war eine Eigenentwicklung der russischen Waffenindustrie. Das Geschütz wog in der Feuerstellung 2172 kg. Es wurde bespannt auf einer Sattelprotze mit zurückgezogenem Rohr gefahren. Die Höchstschussweite mit einer 17,4-kg-Spr.-Gr. betrug 12700 m. Verschossen wurden auch Schrapnell-Gr. mit 600 Kugeln. Das Geschütz wurde unter sowjetischer Regie nochmals modernisiert. Als obr. 1910/30 wurde mit verbesserter Munition eine Schussweite von 16130 m erzielt. Das abgebildete Geschütz wurde 1916 in der Petrograder Geschützfabrik hergestellt.

Österreichische 10-cm-schwere-Feldkanone M.15

Eine gelungene Konstruktion war die von SKODA entwickelte und gebaute 10-cm-s.F.K. M.15. Das Gefechtsgewicht des bespannt gefahrenen Geschützes betrug 2254 kg. Das Rohr mit einer Länge von 3640 mm hatte ein genaues Kaliber von 104 mm. Der Höhenrichtbereich Betrug –10° bis +30° (Seite 6°). Als Höchstschussweite wurden mit einer 17,5-kg-Spr.-Gr. 12700 m erreicht (Vo = 680 m/s). Die Feuergeschwindigkeit betrug 6 S/Min.

Unten: Die 10-cm-sFK M.15 im Militärmuseum von Budapest. *Foto: Autor*

Deutsche 10-cm-Kanone 17/04 von Krupp

Quelle: Archiv GAK

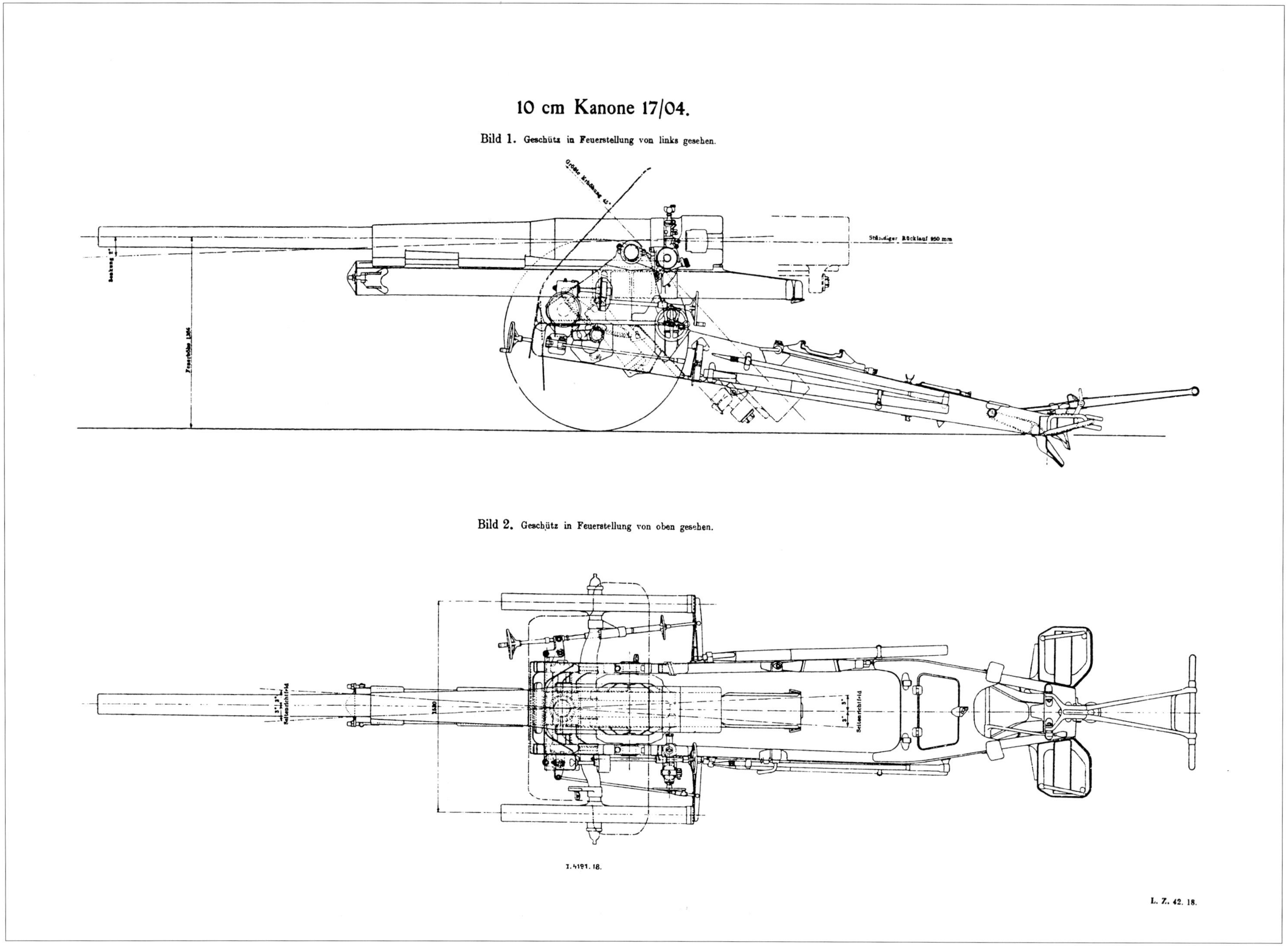

Die französische 105-mm-FK Mle 1913. *Foto: Touzin*

Französische 105-mm-Kanone Schneider Mle 1913

Fast genauso berühmt wie die französische »75er« war die von Schneider entwickelte 105-mm-Kanone Mle 1913. Mit den Kriterien eines echten Schnellfeuergeschützes verfügte die französische Armee bereits vor Ausbruch des 1. WK über eine mittlere Feldkanone mit einer Schussweite von 12700 m/37° und akzeptabler Wirkung im Ziel. Mit einem Gefechtsgewicht von 2300 kg war sie allerdings recht schwer, so dass beim bespannten Fahren Rohr und Wiege aus dem Geschütz genommen und zum Transport auf einem separaten Wagen verladen wurden. Am Ende des 1.WK waren noch rund 1300 Geschütze im Gebrauch. Nach dem Krieg wurden viele Kanonen an mehrere Länder verkauft. Bei Ansaldo in Italien erfolgte eine Lizenzproduktion. Auch Polen erhielt kurz vor Ausbruch des 2. WK einige dieser Kanonen und setzte sie 1939 bei der Küstenverteidigung der Halbinsel Hela ein. (so genannte »dänische« und »griechische Batterie«).

Eine 10-cm-K 17 im ehem. Armeemuseum der DDR in Dresden. *Foto: Autor*

Deutsche 10-cm-Kanone K 17 und 17/04

Um die Schussweite der 10-cm-K 14 weiter zu erhöhen, wurde durch Krupp das Rohr um 10 Kaliberlängen auf L/45 = 4208 mm verlängert und für diese Rohrwaffe auch eine neue Lafette konstruiert. Das mit der Einführung als »10-cm-Kanone 17« bezeichnete Geschütz erreichte jetzt mit einer 18,7-kg-Spr.-Gr. eine Höchstschussweite von 14100 m (mit Haubengranate 17000 m). Rohr und Lafette wurden getrennt gefahren (Gewicht in Feuerstellung 3250 kg). Um den großen Frontbedarf an weit reichenden Kanonen zu decken, wurde die neue Rohrwaffe mit geringfügigen Änderungen auch in die Lafette der 10-cm-K 04 eingelegt. Ihre neue Bezeichnung lautete »10-cm-Kanone 17/04«. Die leistungsstarke K 17 wurde nach dem 1. WK auch an Schweden und Rumänien geliefert.

Links: Richtantriebe und Verschluss der K 17 *Foto: Touzin*

Englische 60-pdr-Kanone Mk I 1909

Die 60-pdr-schwere-Feldkanone wurde ab 1905 bei der englischen Firma Armstrong entwickelt. Das 4318 mm lange Rohr mit Schraubverschluss hat ein Kaliber von 127 mm (5 inch). Rohrbremsen und Vorholer sind wieder oberhalb des Rohres angeordnet. Der Höhenrichtbereich betrug –5° bis +21°. Die anfängliche Schussweite mit einer 27,2-kg-Spr.-Gr. betrug 9400 m. Nach einer Modernisierung wurden mit verbesserter Munition 14700 m erreicht. Das 3800 kg schwere Geschütz konnte noch bespannt gefahren werden. Von diesem Geschütztyp wurden 1917 auch 60 Geschütze an Russland geliefert. Als modernisierte Version kam das Geschütz noch bis Mitte 1943 im 2. WK zum Einsatz.

Oben: Eine modernisierte 60-pdr-Kanone beim Übungsschießen 1939 an der englischen Kanalküste. Foto: Scherl Bilderdienst (L 5890)
Unten: Eine original 60-pdr-Kanone Mk I aus der Lieferung an Russland im Militärmuseum in Warschau. Foto: Begler

Oben: Die 155-mm GPF mit Radgürtel und Holzbettung. Foto: Archiv Touzin

Französische 155-mm-Kanone GPF

Die ersten von Schneider hergestellten »Canon de 155 GPF« (Grand Puissance Filloux) kamen 1917 an die Front. Ab 1918 übernahm auch die U.S.-Armee eine größere Anzahl dieser Waffen als M 1918 M1. Bis 1939 waren noch 449 Kanonen GPF im Bestand der französischen Armee. Von der Deutschen Wehrmacht im 2.WK erbeutete Geschütze wurden als 15,5-cm-K-418 (f) bei Küstenbatterien im besetzten Frankreich und in Norwegen eingesetzt (auch in Schartenbunker). Die Kanone verschoss 43-kg schwere Spr.-Gr. auf einer max. Schussweite von 19500 m/35°. Das Rohr mit 48 Zügen hatte eine Länge von 5725 mm (Schraubverschluss). Nach dem 1.WK wurde das Geschütz in den USA modernisiert und in eigener Regie als »155-mm-Gun M3« hergestellt und noch bis 1944 im pazifischen Raum eingesetzt.

Deutsche 13-cm-Kanone L/35 M. 1908

Die 13-cm-Kanone L/35 wurde ab 1906 bei Rheinmetall entwickelt und ab 1908 bei der Feldartillerie eingeführt. Zeitweise in der Produktion zurückgestellt, waren im Juli 1914 erst 32 Geschütze im Bestand. Das Mantelrohr mit dem genauen Kaliber von 135 mm hatte eine Länge von 4725 mm. Das in Feuerstellung 6838 kg schwere Geschütz (mit Radgürtel) erreichte mit der Granate 14 eine Höchstschussweite von 16500 m (Schrapnell 14500 m).

Im Oktober 1918 waren 40 Batterien mit 120 Geschützen im Bestand. Aufgrund der geringeren Wirkung im Ziel wurde bei der weiteren Fertigung ab 1916 generell den 15-cm-Kanonen von Krupp und Rheinmetall der Vorrang eingeräumt.

Rechts: Eine 13-cm-Kanone in einer Ruinenstellung an der Westfront. *Foto: Archiv Touzin*

Unten: Eine 15-cm-Kanone 16 von Rheinmetall in ausgebauter Feuerstellung. *Foto: Ehrenbuch der schweren Artillerie*

Deutsche 15-cm-Kanone 16 (Rh)

Um im 1. WK für die deutsche Feldartillerie auch weit reichende 15-cm-Kanonen bereitzustellen, begannen die Firmen Krupp und Erhardt/Rheinmetall ab 1916 mit der Herstellung dieser Geschütze. Nach dem bereits zwei Versuchsgeschütze an der Front (Batterie Sturm) gute Schießleistungen erbrachten, kam man überein, für beide Modelle von Krupp und Rheinmetall das Erhardtsche L/43-Rohr einzusetzen.

Das Erhardt-Geschütz wog in der Feuerstellung mit Radgürtel 9200 kg. Das Rohr mit einem Kaliber von 149,3 mm hatte eine Länge von 6410 mm. Mit der 51,5-kg-Spr.-Gr. erreichte man eine Höchstschussweite von 22.800 m (Hbgr. 16). Mit der 52,5-kg-Schrapnell-Gr. wurden 20.200 m erreicht. Bis zum Oktober 1918 waren allerdings erst 11 Batterien (22 Geschütze) von Erhardt an der Front, wogegen von Krupp bereits 106 Batterien mit 212 Geschützen im Einsatz waren.

Ansichten der französischen 120-mm-Kanone Mle 1890 C

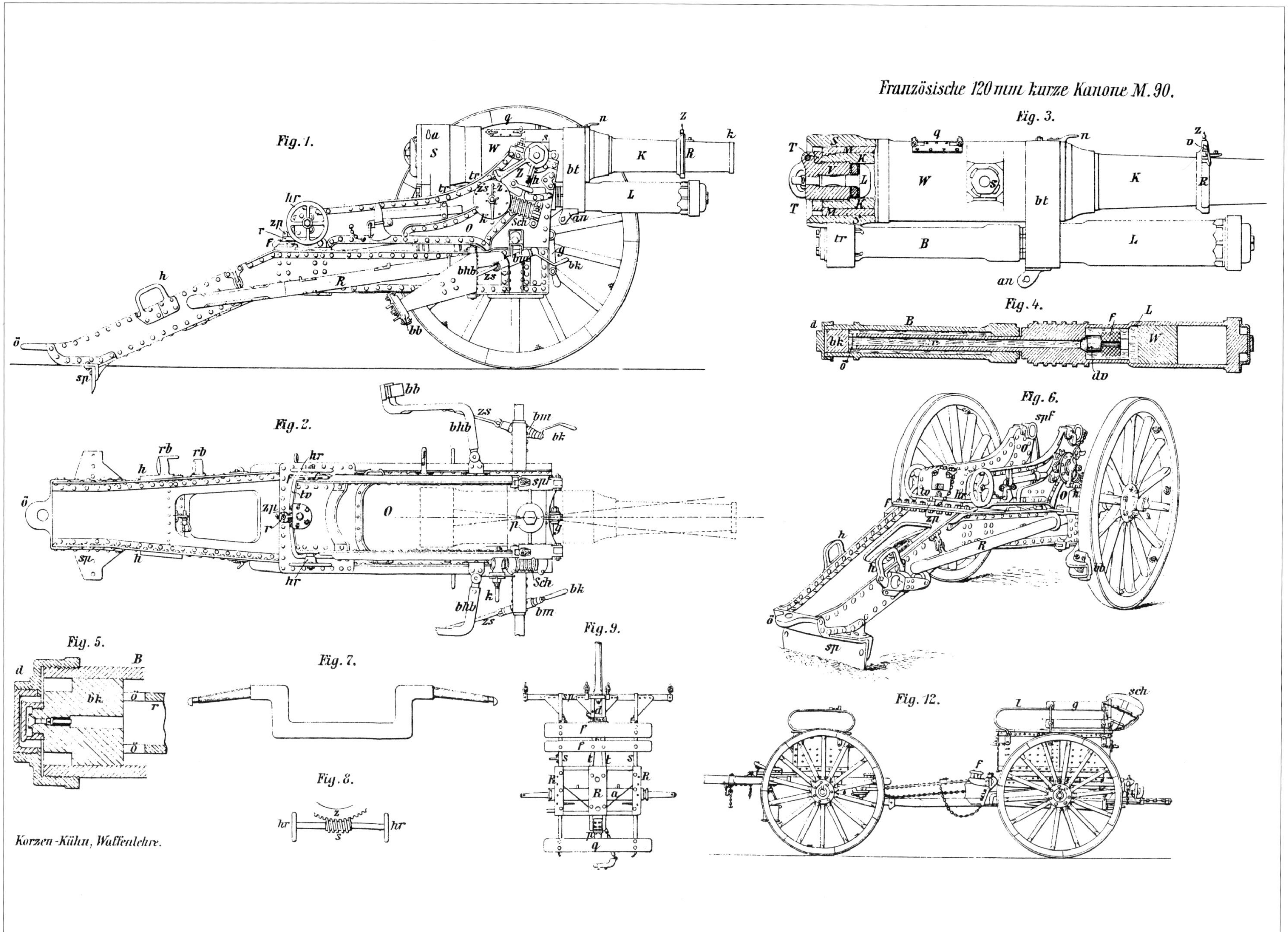

Eine 15-cm-SK L/40 i.R. im Marinemuseum von Varna, Bulgarien. *Foto: Autor*

Deutsche 15-cm-Schnellladekanone L/40 i.R.

Bevor im 1.WK die von Rheinmetall und Krupp neu entwickelten schweren 15-cm-Kanonen 16 an die Front kamen, entschied man sich für eine Zwischenlösung durch die Verwendung von 15- und 17-cm-Marinerohrwaffen. Für die vom Marinearsenal freigegebenen Waffen konstruierte man bei Krupp eine Räderlafette und bezeichnete das Geschütz als »15-cm-SK L/40 i.R.« (in Räderlafette). Das Rohr mit einem Kaliber von 149,1 mm hat eine Länge von 5960 mm. Der Höhenrichtbereich betrug –8° bis +32°. Mit der 44-kg-Spr.-Gr. L/5 mit Haube wurde eine max. Schussweite von 18700 m erzielt. Insgesamt sind bei Krupp 150 Geschütze mit Marinerohr fertig gestellt worden. Im Oktober 1918 waren noch 26 Batterien mit 52 Geschützen im Bestand (F.N. Kaiser, Ehrenbuch). Das abgebildete Geschütz wurde an Bulgarien abgegeben, wo es zur Küstenverteidigung eingesetzt war.

Deutsche 17-cm-Schnellladekanone L/40 i.R.

Um den dringenden Bedarf an weit reichenden Kanonen im erstarrten Stellungskrieg zu decken, wurden neben den bereits erwähnten 15-cm-Kanonen ab 1916 auch 17-cm-Marinekanonen herangezogen. Auch hierfür baute Krupp die Räderlafetten mit einem Höhenrichtbereich von 0° bis +47,5° sowie dazu gehörige Bettungen. Der Transport der 23,5-Tonnen schweren Geschütze (mit Bettungen) konnte nur noch durch Motorzug erfolgen. Das 6900 mm lange Rohr hatte ein Kaliber von 172,6 mm. Die Höchstschussweite mit der 63-kg-Spr.-Gr. L/ 4,7 mit Haube betrug 24000 m/ 45°. Einige dieser Geschütze wurden mit Radlafette auch auf Eisenbahnwagen gesetzt und als »17-cm-E-Geschütz« bezeichnet. Von der bei der Truppe als »Samuel« bezeichneten Kanone waren im Oktober 1918 noch 5 Batterien mit 10 Geschützen im Bestand.

Eine 17-cm-SK L/40 1917 an der Westfront. Beachte: Am Rohr noch ein Teil der Panzerblende als ehem. Schiffsgeschütz. *Foto: Ehrenbuch der Deutschen Schweren Artillerie.*

Französische 155-mm-Kanone Mle 1917 von Schneider

Quelle: Beschreibung Schneider & CIE

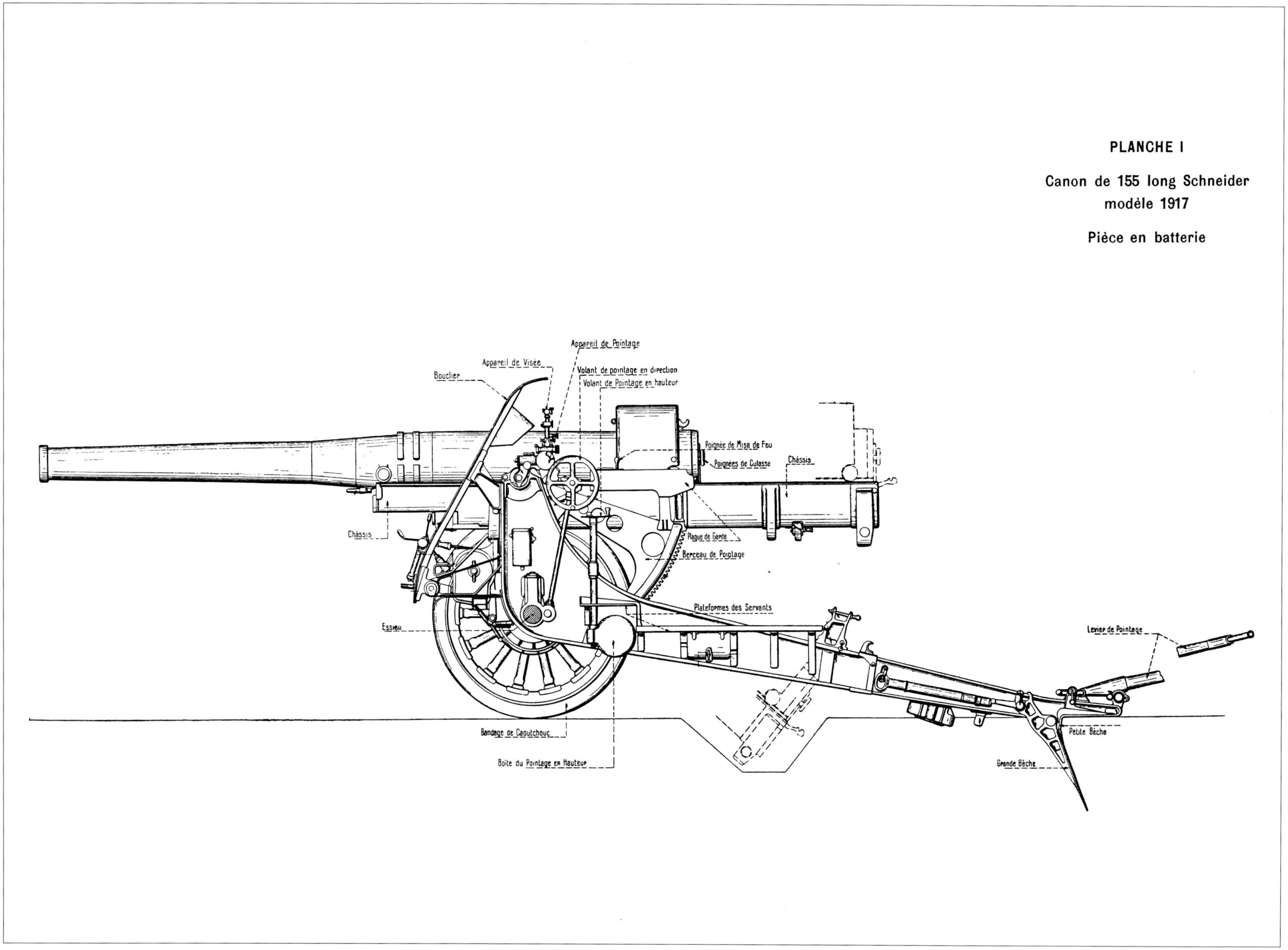

Die 220-mm-Kanone Mle 1917 im abgesenkten Zustand im Marinemuseum in Varna, Bulgarien. Foto: Autor

Französische 220-mm lange Kanone Mle 1917

Auch in Frankreich entsprach man den Forderungen der Front, im erstarrten Stellungskrieg weit reichende Kanonen zum Einsatz bringen zu können. Eine dieser geforderten Kanonen war die von Schneider et Cie. entwickelte »Canon de 220 mm Long«. Das rund 23 Tonnen schwere Geschütz war mit einem doppelten Rücklauf versehen (Rohr in Wiege, Wiege in Unterlafette). Zum Schießen wurde das Geschütz auf eine Plattform abgesenkt. Gefahren wurde die Kanone in zwei Lasten (Traktor). Die Richtbereiche betragen in der Höhe 0° bis +37°, Seite 20°. Mit einer 104-kg-Spr.-Gr. mit Haube wurde eine max. Schussweite von 22800 m erreicht. 1940 waren noch 56 Geschütze im aktiven Gebrauch. Von der Deutschen Wehrmacht erbeutete Kanonen wurden als 22-cm-K 532 (f) bei der Küstenartillerie eingesetzt (HKB). Auch Bulgarien erwarb nach dem 1. WK einige dieser Geschütze für seine Küstenverteidigung.

Französische 194-mm-GPF 1917 in Selbstfahrlafette

Die von Colonel Filloux entworfene 194-mm-Kanone war für eine Verstärkung der schweren französischen Artillerie ab 1917 vorgesehen. Zur schnellen Einführung nutzte man eine bereits in Produktion befindliche Selbstfahrlafette von St. Chamond mit einer ebenfalls von Filloux konstruierten 155-mm-Kanone GPF. Originell war der Antrieb der Kettenlaufwerke durch Elektromotoren. Die erforderliche E-Energie wurde auf einem sehr ähnlichen Führungsfahrzeug mittels eines Generatoraggregats erzeugt. Beide Fahrzeuge waren durch Kabel verbunden. In Fahrstellung wurde das niedergelegte Rohr zurückgezogen. Die Kanone verschoss u.a. 80,8 kg schwere Spr.-Gr. auf einer max. Schussweite von 18300 m (Mit verbesserter Munition nach Kriegsende 20800 m). Das Gewicht der SFL betrug rund 30 Tonnen.

Die 194-mm-GPF auf SFL beim Erprobungsschießen. Foto: Touzin

Leichte und schwere Haubitzen

Deutsche 10,5-cm-leichte-Feldhaubitze 98/09

Neben leichten Feldhaubitzen von Rheinmetall kam im 1. WK auch noch die von Krupp modernisierte 10.5-cm-leFH 98/09 zum Einsatz. Das 1625 mm lange Rohr ist mit einem horizontalen Keilverschluss ausgestattet. Der Höhenrichtbereich beträgt –10° bis +40°. Das Gewicht in Feuerstellung betrug 1100 kg. Die Höchstschussweite mit einer 13,5-kg-Spr.-Gr. betrug 6300 m. Das Geschütz wurde bei fahrenden Batterien der leichten Feldartillerie sechsspännig gefahren. Die Feuergeschwindigkeit betrug 4 S/Min.

Eine der wenigen erhalten gebliebenen 10,5-cm-leFH 98/09 im U.S. Army Ordnance Museum in Aberdeen, USA. Foto: Archiv Schweizer

Deutsche 10,5-cm-leichte-Feldhaubitze Rh 16

Die 10,5-cm-leFH 16 von Rheinmetall löste schrittweise die ältere 10,5-cm-Haubitze 98/09 ab und wurde bald ein weiteres Standardgeschütz der deutschen leichten Feldartillerie. Durch Verlängerung des Rohres auf 2310 mm und mit verstärkten Ladungen konnte die Schussweite von 6300 m auf 9700 m gesteigert werden (15,6-kg-Spr.-Gr.). Das in der Feuerstellung 1525 kg schwere Geschütz erhielt den Einheitsbremszylinder, mit dem auch die FK 16 ausgerüstet war. Das Geschütz wurde mit Unterbrechung auch nach dem 1. WK weiterproduziert. Im September 1932 waren wieder 910 dieser Haubitzen im Bestand. Nach einer Modernisierung, teilweise luftbereift, waren diese Haubitzen noch bis 1945 im Einsatz.

Oben: Eine 10,5-cm-leFH 16 mit langem Rohr, Baujahr 1917, als Kriegstrophäe am Memorial in Warnambool, Australien. Foto: Autor

Rechts: Die 10,5-cm-leFH 16 im ehem. Armeemuseum der DDR in Dresden (heute Militärhistorisches Museum der Bundeswehr). Foto: Autor

Englische 6-inch-Haubitze Mk I M 1886 in Belagerungslafette

Quelle: Treatise on military carriages

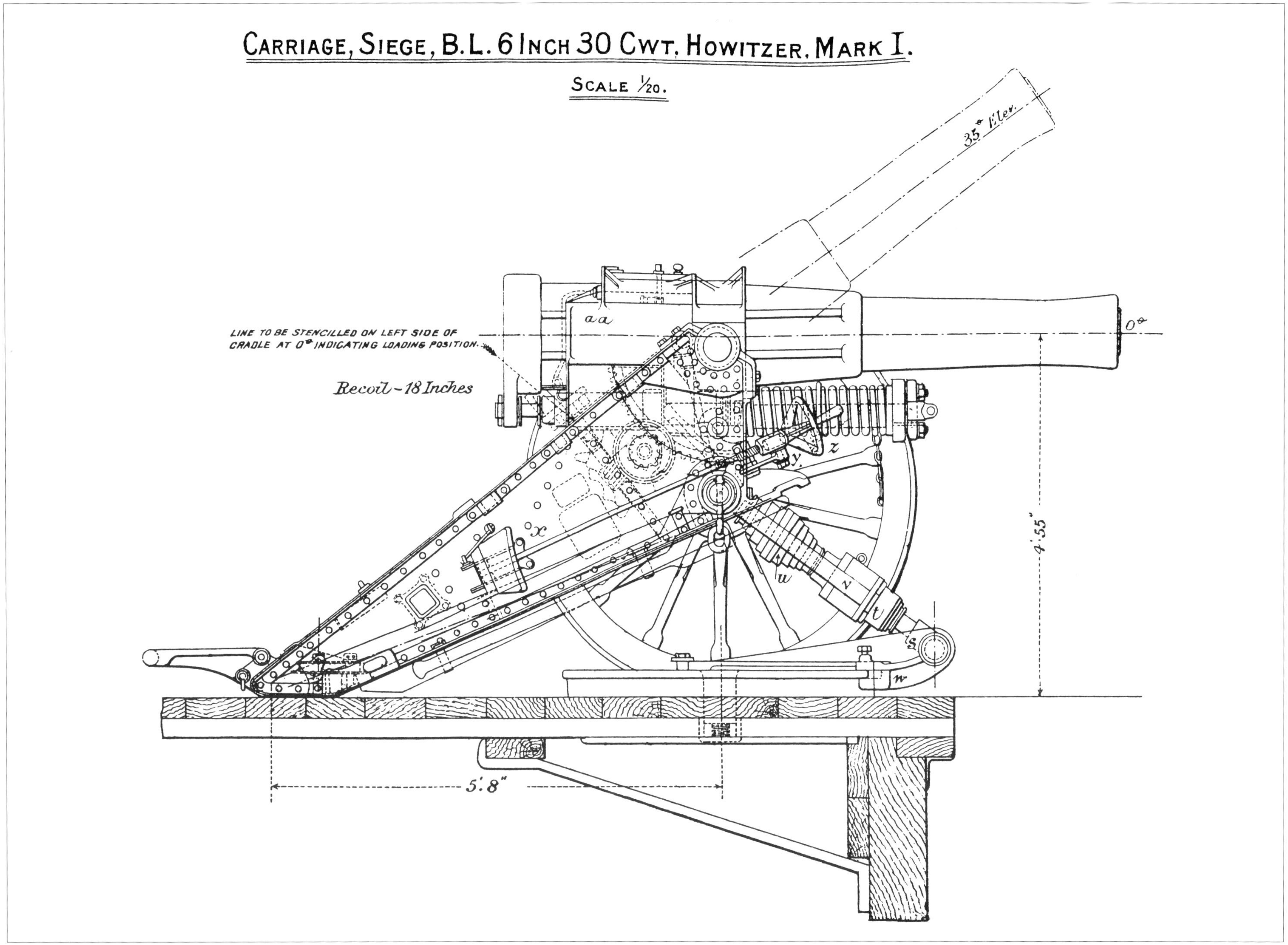

Deutsche 15-cm-schwere-Feldhaubitze 02

Mit der 15-cm-sFH 02 wurde die Fußartillerie der neu geschaffenen schweren Feldartillerie ausgerüstet. Die Haubitze von Krupp war das erste Geschütz mit konstantem Rohrrücklauf, das offiziell beim deutschen Heer eingeführt wurde. Mit der hydraulischen Rücklaufbremse und zwei Federvorholer wurde die Standsicherheit und damit die Treffsicherheit wesentlich verbessert. Das Mantelrohr mit 36 Zügen hat eine Länge von 1380 mm. Mit einer 40,5-kg-Spr.-Gr. (Aufschlagzünder) wurde eine max. Schussweite von 7450 m erreicht. Das Gewicht in Feuerstellung betrug 2100 kg (in Fahrstellung 2800 kg). Das Geschütz wurde bespannt mit einem Sechserzug gefahren.

Rechts: Die 15-cm-sFH 02 im Vorkriegsmanöver. Foto: Archiv Kunath

Französische 155-mm-Haubitze Rimailho TR 1904

Die von Colonel Rimailho konstruierte Haubitze hat eine Rohrlänge von 2400 mm. Die max. Elevation betrug +41°. Die Zusatzbezeichnung TR bedeutet »Tir Rapide« = Schnellfeuer.

Um diesem Anspruch gerecht zu werden, ersann er für diese Feldhaubitze eine mechanische, teilautomatisierte Lade-, Verschluss- und Abfeuereinrichtung, bei der nach dem Vorlauf des Rohres eine Ladeschale vor den geöffneten Verschluss schwingt. Nach Einlegen der Granate und Treibladung wurde schon der Abzug bedient. Erst jetzt schnellte die Ladeschale nach vorne, Geschoss und Ladung wurden automatisch in das Rohr befördert, der Verschluss verriegelt und der Schuss abgefeuert. Eine gut ausgebildete Bedienung erreichte damit eine Feuergeschwindigkeit von 15 S/Min. Die max. Schussweite mit einer 42,9-kg-Spr.-Gr. betrug rund 6000 m.

Links: Die Rimailho-Haubitze mit ihrem mechanisierten Ansetzer. Foto: Archiv Touzin

Deutsche 15-cm-schwere-Feldhaubitze 02 von Krupp

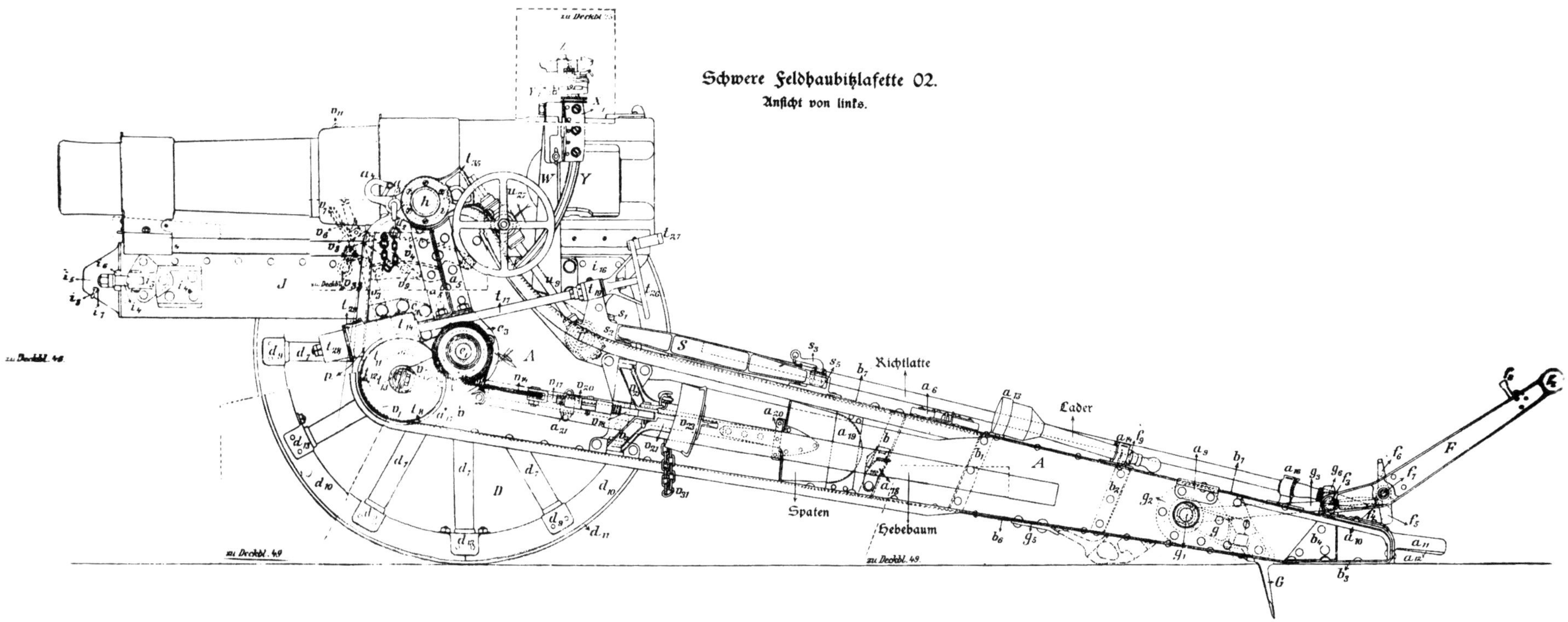

Russische 6-Zoll-Feldhaubitze obr. 1910

Nach einem 1909 durchgeführten Vergleichsschießen mit 6-Zoll-Haubitzen der Firmen Erhardt, SKODA, Bofors und Schneider erwarb Russland die Lizenz zum Nachbau der 152-mm-Haubitze von Schneider. 1910 erhielt das Putilov-Werk den Auftrag zum Bau von 180 Haubitzen dieses Typs. Weitere 60 Haubitzen wurden beim Geschützwerk Perm bestellt. Das 1829 mm lange Rohr hatte ein Kaliber von 152,4 mm. Der Höhenrichtbereich betrug –1° bis +42° (Seite 4°). Die Höchstschussweite mit einer 41-kg-Spr.-Gr. betrug 7700 m. Bis 1917 wurden 242 Haubitzen dieses Typs hergestellt.

Zusätzlich erwarb Russland ab 1916 noch 100 6-inch-Haubitzen von Vickers, die bis 1917 ausgeliefert wurden.

Rechts: Eine 1915 im Geschützwerk Perm hergestellte 152-mm-FH im Artilleriemuseum in St. Petersburg.
Foto: Autor

Deutsche 15-cm-schwere-Feldhaubitze 13 und 17

Die 15-cm-sFH 13 von Krupp war eine Weiterentwicklung der älteren Haubitze 02. Das auf 2545 mm verlängerte Rohr ermöglichte mit einer Spr.-Gr. 12 (40,3 kg) eine max. Schussweite von 8500 m. Der Höhenrichtbereich wurde von +42° auf +45° erhöht. Die Kastenlafette erhielt ein Schutzschild. Die sFH 13 wurde ab 1917 nochmals modernisiert, wobei das Gefechtsgewicht gesenkt werden konnte. Die ballistischen Leistungen waren die gleichen wie bei der sFH 13. Das abgebildete Geschütz gehörte zur schweren Feldartillerie des türkischen Heeres. Es wurde am 8. November 1917 von Truppen der australischen Gebirgsdivision bei den Kämpfen im Gaza-Streifen in Palästina erbeutet.

Links: Eine 15-cm-sFH 13 als Kriegstrophäe vor den Victoria Baracks in Melbourne. *Foto: Autor*

Eine österreichische 15-cm-Haubitze im Militärmuseum von Istanbul. *Foto: K.P. Mehl*

Österreichische 15-cm-Haubitze M. 14

Die von den SKODA-Werken in Pilsen hergestellte 149-mm-Haubitze war ebenfalls ein Standardgeschütz der österreichisch-ungarischen Feldartillerie im 1. WK. Auch an die verbündete Türkei wurden Haubitzen dieses Modells geliefert. Bei dem relativ schweren Geschütz, Gefechtsgewicht 2760 kg, konnten für längeren Transport bei bespanntem Zug Rohr und Wiege abgenommen und auf einem separaten Wagen verladen werden. Das Rohr hat eine Länge von 2080 mm. Der Höhenrichtbereich betrug –5° bis +70°. Verschossen wurden u.a. 42-kg-Spr.-Gr. auf einer max. Schussentfernung von rund 8000m. Nach dem 1. WK wurden viele dieser Haubitzen von der österreichischen, ungarischen und tschechoslowakischen Armee weitergenutzt.

Englische 6-inch-26-cwt-Haubitze Mk I

Diese 152-mm-FH wurde in kürzester Zeit bei Vickers entwickelt und bereits im Winter 1915 auf dem französischen Kriegsschauplatz eingesetzt. Erste Modelle hatten einfache Holzräder. Um den Bodendruck zu verringern, wurde ein zweiter Radreifen auf das Hauptrad aufgesetzt. Verschossen wurden 39 kg schwere Spr.-Gr. und Schrapnells. Der Höhenrichtbereich betrug 0° bis +45° (Seite 8°). Das Rohr mit einer Länge von 2218 mm war mit einem Schraubverschluss ausgestattet. Die Höchstschussweite betrug anfänglich 8900 m. Haubitzen dieses Modells wurden im 1. WK auch an Italien und Russland geliefert (Russland erhielt bis 1917 100 Exemplare). Bei der britischen und kanadischen Feldartillerie wurden modernisierte Haubitzen mit Luftbereifung noch bis 1941 eingesetzt. Insgesamt sind von diesem Modell über 3600 Exemplare hergestellt worden.

Eine 6-inch-26-cwt-Haubitze aus der Bewaffnung der italienischen Armee im Kriegsmuseum von Rovereto in Italien. *Foto: Autor*

Französische 155-mm schwere Feldhaubitze Mle 1917 C

Die neue 155-mm-FH mit kurzem Rohr wurde 1917 von Schneider et Cie. entwickelt. Das 3300 kg schwere Geschütz wurde einlastig mit Sattelprotze und acht Pferden gefahren. Das 2332 mm lange Rohr war mit einem Schraubverschluss versehen. Die max. Schussweite mit einer 43,6-kg-Spr.-Gr. betrug 11300 m. Auch die im 1. WK in Frankreich kämpfenden US-Streitkräfte übernahmen das Geschütz. Nach dem 1. WK wurden solche Geschütze auch an Polen und Bulgarien verkauft. In den USA wurden die mitgenommenen Haubitzen modernisiert und zwischen dem 1. und 2. WK in Lizenz nachgebaut (M 1918 A3). 1939 befanden sich noch 2043 Haubitzen dieses Typs im Bestand der französischen Armee. Von der Deutschen Wehrmacht erbeutete Geschütze wurden als 15,5-cm-sFH 414 (f), (p) und (b) weitergenutzt. Die Rohrwaffe gab es auch in einer Küsten-Mittelpivotlafette.

Oben: Die amerikanische 240-mm-Bettungshaubitze im U.S. Army Ordnance Museum in Aberdeen, USA. Foto: Archiv Schweizer

Amerikanische 240-mm-Haubitze M 1918 M1A1

Die 240-mm-Haubitze wurde während des 1. WK im Auftrag der USA von der französischen Firma Schneider et Cie. konstruiert. Die Herstellung erfolgte nach Anlaufschwierigkeiten in den USA, wobei bis Kriegsende nur noch eine Haubitze ausgeliefert werden konnte. Die US-Hersteller – Rohrwaffe bei Watervliet Arsenal – verbesserten das Waffensystem und fertigten bis 1919 noch 191 Geschütze dieses Typs. Die M 1918 M1A1 verschoss u.a. 156-kg-Spr.-Gr. auf einer Höchstschussweite von 14800 m (später 16400 m). Das Gewicht in Feuerstellung betrug 18730 kg. Insgesamt sind von diesem Typ 330 Exemplare gebaut worden. Einige der Rohrwaffen wurden auch auf eine Ketten-SFL Mk 3 von Caterpillar gesetzt.

Links oben: Das Erinnerungsfoto einer französischen Geschützbedienung zeigt den geöffneten Schraubverschluss, eine Spr.-Granate und eine der Beutelladungen (rechts). Foto: Archiv, Touzin

Links: Eine 155-mm-Haubitze Mle 1917 aus dem Bestand der polnischen Armee im Militärmuseum von Warschau. Foto: Begler

Italienische 149-mm-Feldhaubitze M 1914

Die italienische 149-mm-Haubitze basiert auf einer Lizenz zum Nachbau der deutschen 15-cm-sFH 02 von Krupp. Im Unterschied zur deutschen Haubitze erhielt das italienische Geschütz ein Schutzschild. Das Gewicht in der Feuerstellung beträgt hier 2344 kg (deutsche Haubitze 2100 kg). Der Höhenrichtbereich beim Modell 1914 beträgt –5° bis +43°. Als Schussweiten werden mit einer 40,5-kg-Spr.-Gr. 3100 bis 6800 m angegeben. Die Lafette wurde 1918 bei Ansaldo nochmals modernisiert und der Höhenrichtbereich vergrößert. Im Oktober 1917 waren noch 101 Haubitzen dieses Modells im Bestand der italienischen Feldartillerie. Einige Batterien wurden auch im Gebirgskampf in den Alpen und in den Dolomiten eingesetzt.

Rechts: Die italienische 149-mm-Haubitze im Museo Storico Italiano della Guerra in Rovereto, Italien.
Foto: Autor

Deutsche leichte 15-cm-Kartaune L/30 (Rh)

Im 1. WK forderte man ab 1916 für die deutsche Feldartillerie eine Erhöhung der Schussweiten auch für die 15-cm-Haubitzen. Rheinmetall projektierte darauf eine Haubitze mit einem L/30-Rohr. Da diese Rohrlänge der der früheren Kanonen entsprach, nannte die APK diese Haubitzen »Kartaunen«. In Feuerstellung wog dieses Geschütz 4525 kg (ohne Ausrüstung). Mit einer 44-kg-Spr.-Gr. erzielte man eine Höchstschussweite von 13500 m (15-cm-sFH 13 nur 8500 m).

Links: Die leichte 15-cm-Kartaune L/30 von Rheinmetall auf dem Schießplatz in Unterlüß.
Foto: Ehrenbuch der schweren Artillerie, S. 83

Deutsche 28-cm-Haubitze L/14 i.R. 1913

Um außer den schweren Bettungsgeschützen auch große Kaliber in Radlafette einzuführen, baute Krupp bereits 1910 eine erste 28-cm-Haubitze L/12 die in zwei Teillasten mit Kraftzug gefahren werden konnte. 1913 folgte von der gleichen Firma das verbesserte Modell mit zerlegbarem L/14-Rohr. Diese Haubitze mit einem Gewicht in der Feuerstellung von 15200 kg wurde in vier Teillasten gefahren. Die Kastenlafette war zum Laden des 285 kg schweren Geschosses mit einem Ladewagen auf Schienen versehen. Mit der Haubitze konnte nur in der Winkelgruppe von +20° bis +65° geschossen werden. Die Höchstschussweite betrug 9700 m.

Von dieser Haubitze ist jedoch nur ein Exemplar hergestellt worden, das an der Ostfront eingesetzt wurde.

Die 28-cm- Haubitze L/14 in Ladestellung. *Foto: Archiv Touzin*

Italienische 305-mm-Haubitze 305/17 D.S.

Die italienische Armee setzte im 1. WK auch eine Reihe von schweren 28- und 30,5-cm-Haubitzen im Gebirgskampf an der Alpenfront ein. Neben verschiedenen Bettungsgeschützen kamen auch die hier gezeigte 305-mm-Haubitze in einer De-Stefano-Lafette zum Einsatz. Im Unterschied zu einigen Bettungslafetten ist hier das Rohr mit oben liegendem Bremszylinder und Vorholer mittels einer Mantelwiege direkt in den Lafettenwänden gelagert. Mit der gewaltigen Lafette – vordere Fahrachse lenkbar – kam das Geschütz in der Feuerstellung auf ein Gewicht von 32,6 Tonnen. Geschossen werden konnte in der Winkelgruppe von +20° bis +65°. Mit einer 442-kg-Spr.-Gr. (Spr.-Ladung 16,7 kg) erreichte man eine beachtliche Höchstschussweite von 12700 m.

Im 2. WK waren 1942 noch mehr als 23 dieser schweren Geschütze mit unterschiedlichen Lafetten im Bestand der italienischen Armee (div. Einzelheiten s.a. F. Kosar, Die schweren Geschütze der Welt).

Eine von den Österreichern 1917 erbeutete 305-mm-Haubitze 17 D.S. in der Nähe von Udine. *Foto: Archiv Tamm*

Der als »Mother« bezeichnete Prototyp der 9.2-inch-Haubitze steht heute im Imperial War Museum in London. *Foto: Autor*

Englische 9.2-inch-Haubitze Mk I

Die erste 233,7-mm-Haubitze auf Belagerungslafette Mk I wurde kurz vor Ausbruch des 1.WK von den Coventry Ordnance Works fertig gestellt und ging noch im November 1914 an die Front nach Frankreich. Die Produktion lief dann auf Hochtouren an, und bis Ende 1916 wurden 233 Geschütze ausgeliefert. Da das Geschütz beim Schießen in der unteren Winkelgruppe vorn stark hochbockte, wurde konstruktiv ein montierbarer Stahlkasten vorgesehen, der am vorderen Teil angeschraubt und mit 8 Tonnen Erde/Sand gefüllt werden musste. Das in der Feuerstellung rund 13,6 Tonnen schwere Geschütz wurde in drei Lasten mit Motorzug gefahren. Die Mk I verschoss 131 kg schwere Spr.-Gr. auf einer Höchstschussweite von rund 9100 m. Ab 1917 fertigte Vickers eine weiterentwickelte Version Mk II, die mit leistungsgesteigerter Munition eine max. Schussweite von 12650 m erreichte. Von der älteren Mk-I-Version wurden 1917 auch vier Geschütze mit Munitionsausstattung an Russland geliefert (Batterie »T«). 1926/27 wurden diese Geschütze nochmals im Werk »Krasnyi Putilovez« instand gesetzt und modernisiert.

Russische 305-mm-Haubitze obr. 1915

Die Projektierung und der Bau dieser Bettungshaubitze in Vorderpivotlafette erfolgte ursprünglich im Auftrag der russischen Marine. Die ersten zwei Haubitzen wurden im Juli 1915 von Obuchov ausgeliefert. Noch im gleichen Jahr bestellte auch die Armee diese Haubitzen zum Aufbau eines Belagerungsparks. Bis zum Januar 1917 sind von Obuchov 21 dieser Geschütze hergestellt worden. Im Mai 1917 erfolgte eine Neuaufstellung von sechs Batterien zu je zwei Geschützen (201. und 203. Artilleriebrigade). Der Transport der 64,7 Tonnen schweren Geschütze erfolgte in drei Lasten per Eisenbahn. Mit einer 344 kg schweren Spr.-Gr. wurde eine Höchstschussweite von 12800 m erreicht. Die Feuergeschwindigkeit betrug 1 S/3 Min. Am 22. Juni 1941 sollen noch 34 Haubitzen des Typs obr. 1915 im Bestand gewesen sein (Shirokorad). Während des 2. WK gehörten sie zu 5 Artilleriedivisionen mit je 3 Batterien zu je 2 Geschützen (Reserve des Oberkommandos).

In russischen Quellen wird ein Einsatz in Karelien und beim Beschuss von Königsberg erwähnt.

Diese 305-mm-Haubitze obr. 1915 gehörte im 2. WK zur 328. Artilleriedivision und steht heute im Artilleriemuseum von St. Petersburg. *Foto: Autor*

Minenwerfer und Mörser

Deutscher Granatwerfer Rh 16

Für den festgefahrenen Stellungskrieg 1915/16 wurde neben den Minenwerfern auch ein kleiner Granatwerfer entwickelt, der zwar kaum die Feuerkraft der Artillerie verstärkte, sich aber bei Störbeschuss wie auch bei Sturmangriffen bewährte. Das notfalls von einem Mann einsetzbare Wurfgerät – Gewicht nur 24 kg – verschoss im Prinzip Handgranaten, aber mit einer Wurfweite von ca. 300m/45°. Die 1,85 kg schwere Spl.-Granate wurde durch eine im Schießstock eingesetzte Treibpatrone verschossen. Um den Flug einigermaßen zu stabilisieren, waren am Schießstock vier Flügel angebracht. Das Richten und Festsetzen erfolgte an einem Richtbogen. Die Werfer wurden in Deutschland von verschiedenen Firmen in großer Stückzahl hergestellt. Allein Rheinmetall fertigte bis Kriegsende 4000 Granatwerfer 16 und 5 Millionen Wurfgranaten.

Ein von Rheinmetall hergestellter Granatwerfer 16 in der firmeneigenen Studiensammlung. Foto: Autor

Französische Grabenwerfer 1915/16

Als erste Waffe für den Grabenkrieg setzten die Franzosen noch erhaltene Mörser aus der Zeit des Krimkrieges ein. Kurz nach Beginn des 1. WK konstruierte der belgische Ingenieur Van Deuren einen einfachen Werfer für »Minen«, der von zwei Mann eingesetzt werden konnte. Der aus Bronzeteilen zusammengesetzte Werfer hatte ein kurzes Rohr, in das drei verschiedene Treibladungen eingebracht werden konnten. Die Zündung erfolgte elektrisch mit einem kleinen Dynamozünder. Die Wurfmine mit einem Gewicht von 19 kg wurde mit ihrem hohlen Endrohr mit Flügeln über das Werferrohr gestülpt. Je nach Ladung konnten als Wurfweite 55 bis 600 m erreicht werden (fester Höhenwinkel 45°). Die bronzene Grundplatte war noch auf einer hölzernen Bettung aufgeschraubt. Ein sehr ähnlicher Grabenwerfer verschoss kleine 58-mm-Wurfgranaten bis 300 m. Schon ab 1915 kamen dann neu entwickelte Minenwerfer von Schneider als Hinterlader und mit Rohrrücklauf mit Kalibern von 75 bis 240 mm an die Front.

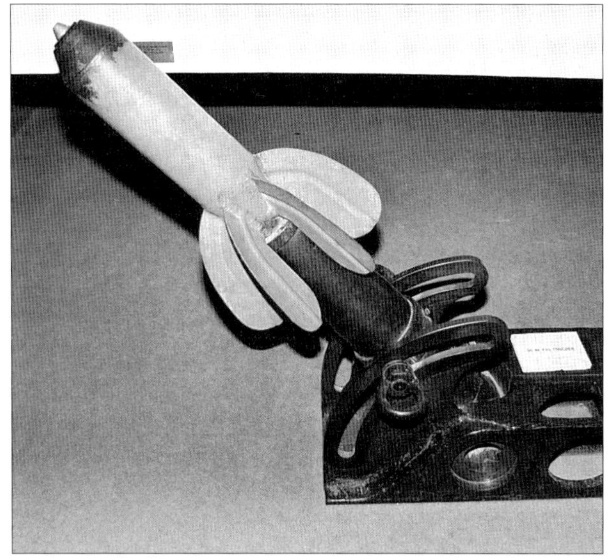

Grabenwerfer für 58-mm-Granate (Mine) mit sechs Stabi-Flügeln. Musée de l'Armée Paris. Fotos: Autor

Links: Ein Van-Deuren-Werfer mit festem Schusswinkel und elektrischer Zündung.

Oben: Ein 7,6-cm-leichter-Minenwerfer in Transportstellung im Canadian War Museum in Ottawa. *Foto: Autor*

Deutscher 7,6-cm-leichter-Minenwerfer M. 1916

Der leichte Minenwerfer mit einem Kaliber von 75,85 mm wurde schon vor dem 1. WK bei Rheinmetall entwickelt, aber erst nach der Erstarrung der Front zum Stellungskrieg vermehrt eingesetzt. Das gezogene Rohr mit Rücklaufbremse und Vorholer hat eine Länge von 395 mm. An der Bodenplatte konnten Transporträder aufgesteckt werden. Dieser Werfer erhielt auch einen kurzen Kastenholm mit Erdsporn für Flachfeuer. Die Wurfweite mit einer 4,6-kg-Spr.-Mine konnte von 200 bis 1050 m variiert werden (Vo = 121 m/s). Rheinmetall fertigte bis Kriegsende noch 8000 leichte Minenwerfer und 4,8 Mill. Wurfgranaten. Bei der Erprobung eines dieser Werfer verunglückte der Direktor und Chefkonstrukteur, Carl Völler, am 15. Mai 1916 tödlich.

Russischer 6-Zoll-Minenwerfer obr. 1915

Auch in Russland wurden für den Grabenkrieg verschiedene Minenwerfer – hier Bombenwerfer genannt – entwickelt und eingeführt. Der abgebildete Werfer mit einem Kaliber von 152 mm wurde 1915 von den Obuchov-Stahlwerken in St. Petersburg hergestellt.

Für Flachfeuer besitzt auch er einen Kastenholm mit Erdschild.

Unten: Der russische 6-Zoll-Werfer obr. 1915 im Artilleriemuseum von St. Petersburg. *Foto: Autor*

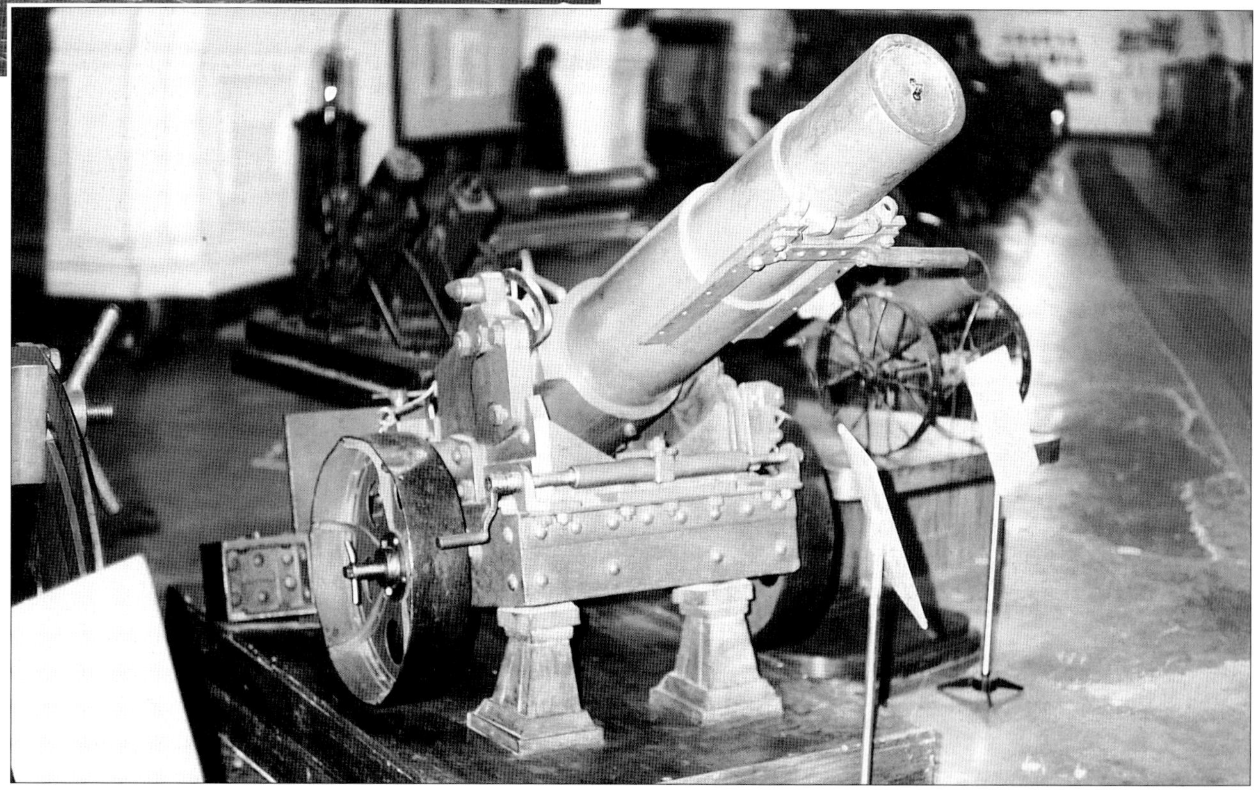

Deutscher 17-cm-mittlerer-Minenwerfer n.A. 1916

Der mittlere Minenwerfer n.A. (neuer Art) mit gezogenem Rohr, Rücklaufbremse und Vorholer kam ab 1916 an den Fronten in West und Ost zum Einsatz. Das Gewicht in Feuerstellung betrug 586 kg, mit Rädern 880 kg. Mit einer 54-kg-Spr.-Mine wurden Wurfweiten von 768 bis 1160 m erreicht. Die Rohrlänge beträgt hier 772 mm. In der Feuerstellung wurden die Räder abgenommen und der Werfer auf seine Grundplatte abgestellt. Vom Hersteller Rheinmetall wurden bis Ende des 1. WK rund 2500 Minenwerfer dieses Typs und 800.000 Wurfminen hergestellt.

Ein 17-cm-mittlerer-Minenwerfer n.A. in der firmeneigenen Studiensammlung von Rheinmetall. *Foto: Autor*

Österreichischer 22,5-cm-schwerer-Minenwerfer.

Der schwere Minenwerfer, auch Grabenmörser genannt, wurde von der österreichisch-ungarischen Armee schwerpunktmäßig im Stellungskrieg 1914–18 eingesetzt. Der abgebildete Werfer, hier mit abgebauten

Ein österreichischer 22,5-cm-Minenwerfer auf Bodenplatte im Militärmuseum von Warschau. *Foto: Begler*

Rädern auf seiner Bodenplatte, wurde mittels Gewindespindeln und Schraubrädern der Höhe nach gerichtet (+25° bis +75°). Mit der starren Waffe mit glattem Rohr – Rohrlänge 1350 mm – wurden einfache, zylindrische Sprengbehälter mit einem Gewicht von rund 48 kg verschossen. Es konnten auch Gasbehälter verschossen werden. Die Wurfweite betrug max. 1550 m. Der Transport erfolgte meistens im Mannschaftszug (Gefechtsgewicht 432 kg).

Deutscher 25-cm-schwerer-Minenwerfer 1912

Obwohl bei Beginn des 1. WK ein langwieriger Stellungskrieg nicht vorauszusehen war, verfügte das deutsche Heer bereits 1914 über schwere Minenwerfer, die ursprünglich zum Sturmreifschießen befestigter Stellungen gedacht waren. Der bereits 1909 von Rheinmetall entwickelte Werfer konnte in Rohr-, Wiegen-, Lafetten-, Bettungs- und Räderlast zerlegt werden und so gedeckt in vorderste Stellungen gebracht werden. Das gezogene Rohr hatte eine Länge von 1090 mm. Der Werfer verfügte über hydraulisch gebremsten Rohrrücklauf. Verschossen wurden 70 kg schwere Minen mit zwei Ladungen. Die Wurfweite ließ sich von 290 bis 970 m variieren. Die Feuergeschwindigkeit betrug 1 S/Min, zur Bedienung gehörten 5 Mann. Bis Kriegsende fertigte Rheinmetall 2000 schwere Minenwerfer und 450000 schwere Wurfminen.

Ein 1916 hergestellter schwerer Minenwerfer in Fahrstellung im Militärmuseum von Warschau. *Foto: Begler*

Ein 26-cm-Minenwerfer von SKODA im Militärmuseum von Budapest. *Foto: Autor*

Österreichischer 26-cm-Minenwerfer 1917

Die Firma SKODA in Pilsen fertigte ab 1915 verschiedene Minenwerfer für die österreichisch-ungarische Armee. Werfer dieser Art wurden auch im Gebirgskrieg eingesetzt.

Der abgebildete 26-cm-Werfer hat ein Gewicht in der Feuerstellung von 316 kg. Für den Transport ließ er sich in drei Lasten zerlegen. Die max. Wurfweite lag bei rund 750 m.

Österreichischer Minenwerfer 75/100 M.17

Der abgebildete Minenwerfer für Flügelminen wurde 1917 von der Elektrischen Aktien Gesellschaft Kolben & Co. in Prag hergestellt. Das 150 kg schwere Grundgestell hatte einen Höhenrichtbereich von +45° bis +85°. Die Wurfweiten mit einer 45-kg-Flügelmine – max. Durchmesser 100 mm – betrugen 120 bis 850 m. Diese und andere leichte Minenwerfer wurden von der österreichisch-ungarischen Armee vielfach auch im Gebirgskampf in den Alpen und in den Dolomiten eingesetzt.

Der Flügelminenwerfer Typ »Kolben« im italienischen Kriegsmuseum in Rovereto, Italien. *Foto: Autor*

Russischer 6-Zoll-Feldmörser M. 86 mit gebremstem Lafettenrücklauf

Quelle: Waffenlehre, Feldhaubitzen

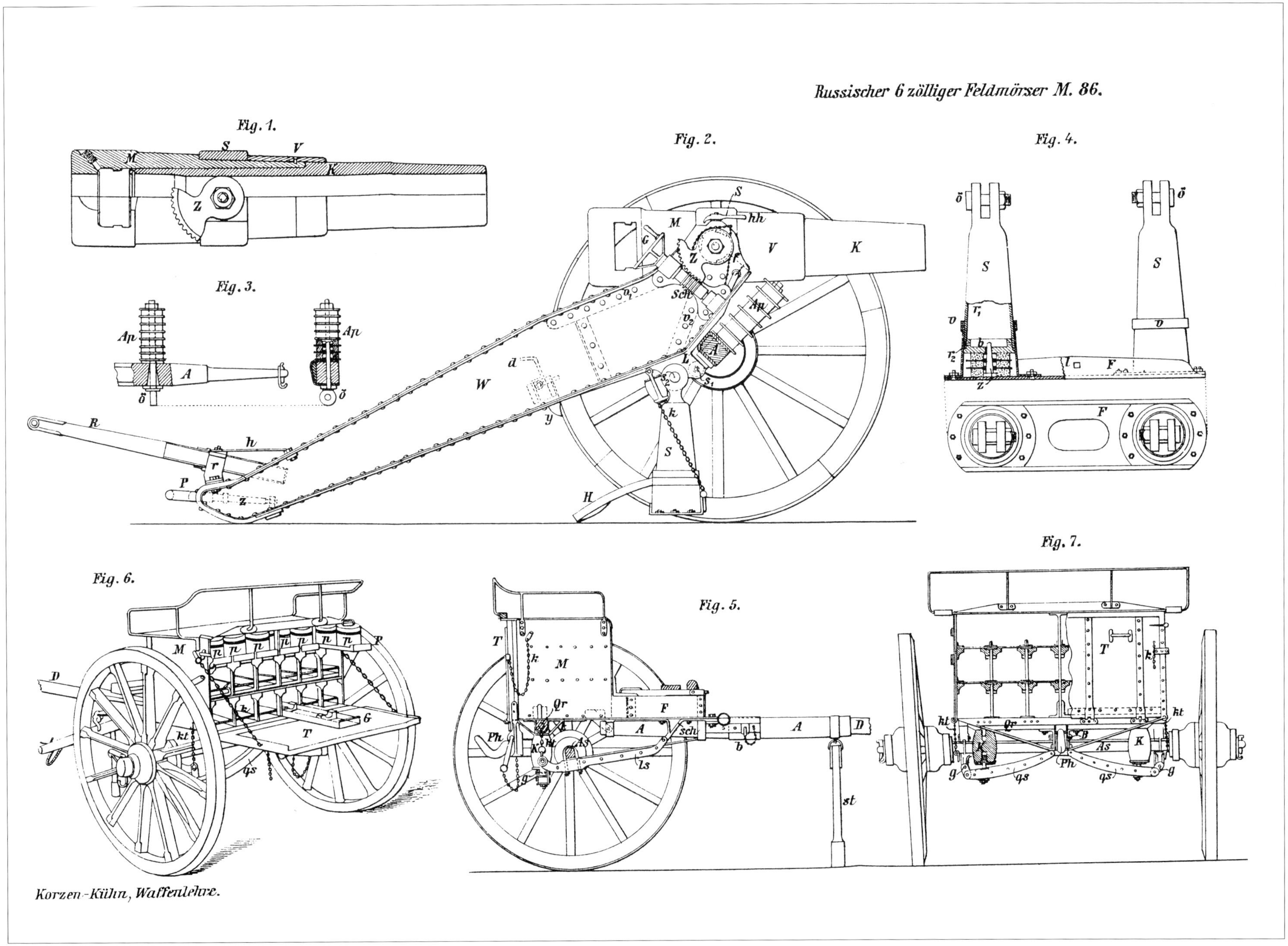

Der 280-mm-Mörser Mle 1914 in einer Feuerstellung an der französisch-deutschen Front im 1. WK. *Foto: Archiv Touzin*

Zwei aus der Lieferung an Russland erhalten gebliebene Mörserrohre mit Wiege auf ihren Transportwagen. Militärmuseum Warschau. *Foto: Begler*

Französischer 280-mm-Mörser St. Chamond Mle 1918

Für schweres Steilfeuer rüstete man 1918, kurz vor Ende des 1. WK, noch einige Selbstfahrlafetten mit der 280-mm-Mörserwaffe Mle 1914 von Schneider aus. Die Fahrlafetten mit elektrischem Antrieb waren identisch mit denen der 194-mm-Kanone (s. dort). Zusätzlich erhielten diese Lafetten für die 203 kg schweren Spr.-Gr. einen Kranarm und einen Ladewagen. Das Gefechtsgewicht des Geschützwagens betrug 29 Tonnen, das des Generatorfahrzeuges mit 30 Schuss 27 Tonnen. Als Höchstschussweite für diesen Mörser werden ebenfalls 10900 m angegeben. Von der 280-mm-Mörser-SFL sind insgesamt nur 25 Komplexe hergestellt worden.

Unten: Der 280-mm-Mörser von St. Chamond mit Mörser-Rohrwaffe von Schneider. *Foto: Archiv Touzin*

Französischer 280-mm-Mörser Mle. 1914

Ab 1912 lieferte die französische Firma Schneider et. Cie. insgesamt 26 11-Zoll-Belagerungsmörser nach Russland. Aufbauend auf diese Konstruktion wurden ab 1916 auch für die französische Armee geringfügig verbesserte Mörser Mle. 1914 ausgeliefert. Das mit einem Schraubverschluss ausgestattete Rohr hatte ein genaues Kaliber von 279,4 mm. Der Höhenrichtbereich ging bis +65°. Mit einer 205-kg-Spr.-Gr. erreichte man eine Höchstschussweite von 10900 m (Pz.-Gr. nur 8300 m). Der in Feuerstellung 16,2 Tonnen schwere Mörser wurde in vier Lasten mit Motorzug transportiert. Bei Ende des 1. WK waren noch 120 Mörser Mle 1914 im Bestand. Nach Instandsetzungen kamen diese Mörser auch noch im 2. WK zum Einsatz. Mörser dieses Typs bekämpften am 21. Juni 1940 erfolgreich das italienische Alpenfort bei Chaberton. Von der deutschen Wehrmacht erbeutete Mörser wurden unter der Bezeichnung »28-cm-Mörser 601 (f)« weiter genutzt und u.a. bei der Belagerung von Leningrad eingesetzt.

Französischer 280-mm-Mörser Mle 1914 von Schneider

Quelle: Beschreibung Schneider & CIE

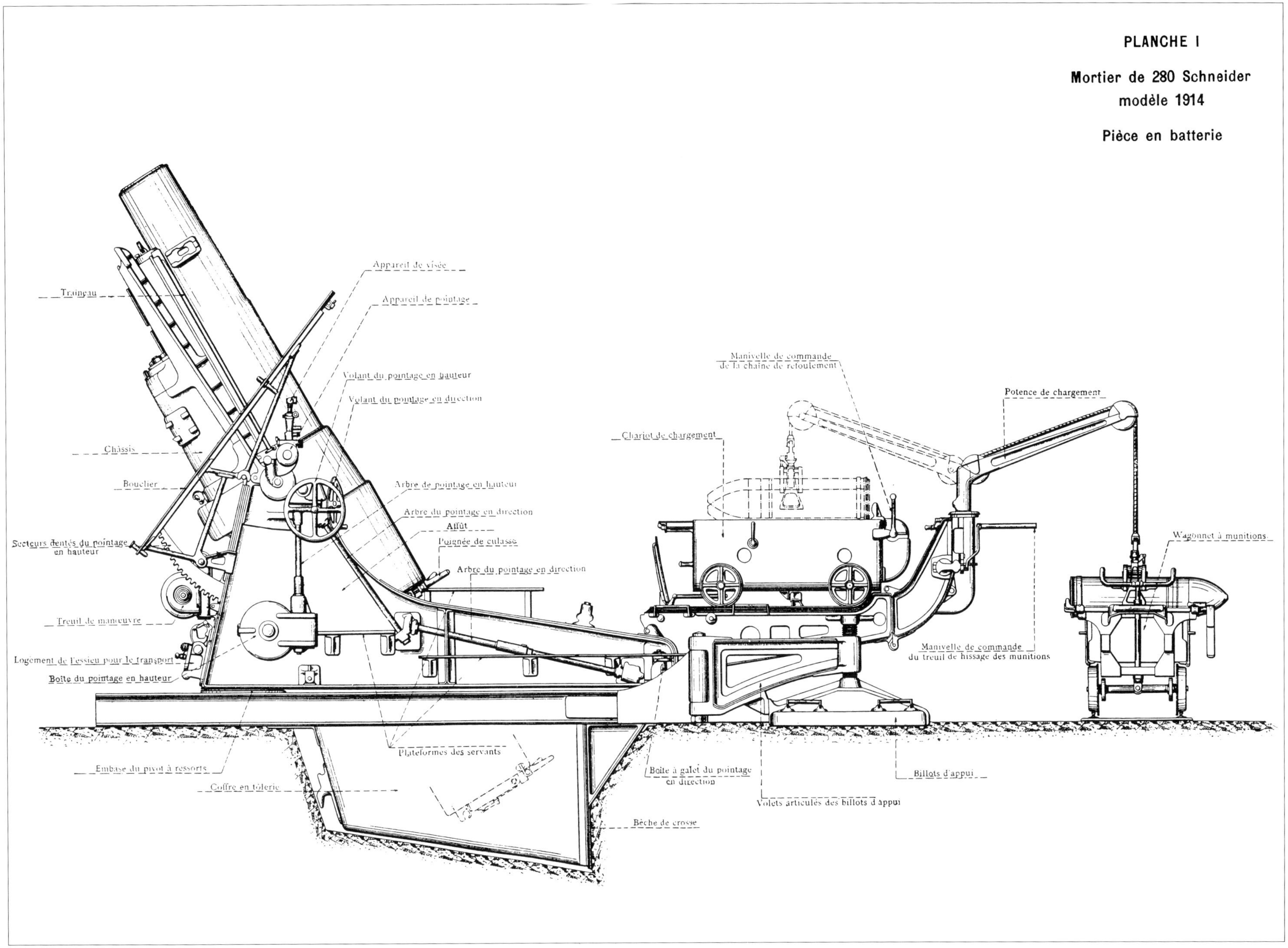

Schwerer Küstenmörser der Mörserbatterie Nr. 9 an der deutsch-französischen Front, Juni 1917.
Foto: Ehrenbuch der schweren Artillerie, S. 398

Deutscher 30,5-cm schwerer Küstenmörser 1898

So wie Heeresgeschütze zunehmend auch in der Küstenverteidigung eingesetzt wurden, nutzte man umgekehrt auch verschiedene Marine- bzw. Küstengeschütze an den Landfronten des 1. WK. Ein Beispiel dafür ist die Verwendung des schweren Küstenmörsers L/8 – auch β-Gerät genannt – bei der Fußartillerie an der deutsch-französischen Front. Der von Krupp entwickelte Mörser hatte eine Pivotlafette. Das Rohr mit Mantelring und Schildzapfen lagerte in einer Oberlafette, die beim Schuss auf einer Unterlafette gebremst zurücklief (hydraulische Bremse und Federvorholer). Das Mantelrohr mit Schraubverschluss hatte eine Länge von 2440 mm. Mit dem Mörser konnte nur im Winkelbereich von +50° bis +60° geschossen werden. Bei der Fußartillerie verschoss man 333 kg schwere Langgranaten, mit denen eine Höchstschussweite von 8800 m erreicht wurde. Als Feuergeschwindigkeit konnten 1 S/Min erreicht werden.

Österreichischer 30,5-cm-Mörser M.11 und M. 11/16

Die österreichisch-ungarischen 30,5-cm-Mörser M.11, M.11/16 und M.16 zählten in Hinsicht auf ihre Schussleistungen, Mobilität und Einfachheit in der Handhabung zu den besten Steilfeuergeschützen im 1. WK. Der zwischen 1906 und 1908 von SKODA entwickelte Mörser M.11 besaß hydraulische Rücklaufbremsen und Luftvorholer. Das 3050 mm lange Rohr mit 68 Zügen besaß einen rechtsseitigen Flachkeilverschluss. Der Mörser wurde in drei Lasten auf hintereinander gekoppelte Transportwagen von einem Motorzugwagen gezogen (SKODA/Daimler, 100 PS). Der Aufbau in der Feuerstellung konnte in sechs Stunden erfolgen. Mit dem Mörser konnten vier Arten von Granaten verschossen werden (Spr.- und Schrapnell-Gr.). Mit der Normal-Spr.-Gr. mit einem Gewicht von 330 kg wurde eine Höchstschussweite von 9600 m erzielt (4. Ladung). Bis 1916 wurden 58 Mörser M. 11 ausgeliefert. Auch Deutschland erwarb noch vor dem 1. WK acht dieser Mörser, mit denen 4 Batterien zu je 2 Mörsern aufgestellt wurden. Ab 1916 wurden an den Bettungen und an den Transportwagen Verbesserungen vorgenommen, die zur Bezeichnung »30,5-cm Mörser M. 11/16« führten. Weitere technische Verbesserungen, u.a. die Verlängerung des Rohres um 610 mm, führten zum Mörser M. 16 (Erhöhung der Schussweite auf 11000 m). Von diesen modernisierten Mörsern gelangten bis Kriegsende noch 14 an die Front. Nach dem 1. WK übernahmen die Tschechoslowakei, Ungarn, Jugoslawien und Italien die noch vorhandenen Mörser. Auch im 2. WK wurden 16 dieser Mörser von der Deutschen Wehrmacht eingesetzt (2 von Österreich, 14 von der Tschechoslowakei).

Erinnerungsfoto am österreichischen 30,5-cm-Mörser M.11.
Foto: Archiv Tamm

Links: Rohr und Lafette eines 30,5-cm Mörsers M.11 auf einem Tranportwagen vor dem Museum von Rovereto, Italien (Lastverteilung unüblich). *Foto: Schweizer*

Gebirgsgeschütze

Österreichische 7-cm- Gebirgskanone M. 1875

Die 7-cm-GebK M. 1875 war das erste Hinterladergeschütz der österreichisch-ungarischen Gebirgsartillerie. Das gezogene Massivrohr aus Uchatius-Bronze – genaues Kaliber 66 mm – war 1000 mm lang und mit einem horizontalen Flachkeilverschluss ausgestattet. Die Elevation betrug –10° bis +24°. Die max. Schussweite mit einer 2,8-kg-Spr.-Gr. betrug rund 3100 m.

Auch Schrapnells und Kartätschen wurden verschossen. Das nur 195 kg schwere Geschütz ließ sich in Teillasten zerlegen und konnte auf nur zwei Mulis transportiert werden.

Rechts: Eine an die Schweiz gelieferte 7,5-cm-GebK M 06 in der Lehrsammlung der Artillerieschule der Bundeswehr in Idar-Oberstein. *Foto: Autor*

Eine 7-cm-GebK M.1875 im Heeresgeschichtlichen Museum von Wien. *Foto: K.P. Mehl*

Deutsche 7,5-cm-Gebirgskanone Krupp M 1906

Von der bei Krupp entwickelten Reihe von 7,5-cm-GebK (04, 05, 06) beschaffte auch die Schweiz eine größere Anzahl des Modells 06 zur Neuausrüstung ihrer Gebirgsartillerie. Charakteristisches Merkmal der mit einem veränderlichen Rohrrücklauf ausgestatteten Kanone war ein so genanntes Erhöhungsstück, mit dem die Elevation von +18° auf +25° erhöht werden konnte. Das Geschütz war in vier Teillasten zerlegbar (Gewicht in Feuerstellung 409 kg). Die Schussweite mit einer 5,3-kg-Spr.-Gr. betrug 5000 m.

Oben: Rückansicht des Geschützes. *Foto: Autor*

Eine 7,5-cm-GebK M 1910 von Rheinmetall in der alten Festung von Bergen in Norwegen.

Rückansicht des Geschützes. *Fotos: Autor*

Deutsche 7,5-cm-Gebirgskanone Rh M 1910/1912

Von den bei der Rheinischen Metallwaren & Maschinenfabrik in Düsseldorf entwickelten Gebirgsgeschützen beschaffte Norwegen ab 1910 nacheinander 9 Batterien zu je 4 Geschützen des Modells M 1910 und weitere des Modells M 1912. Das zweiteilige Rohr hatte einen rechtsseitigen Keilverschluss. Rohrbremse und Vorholer lagen unter dem Rohr. Das Geschütz mit verlängerbarer Rahmen-Rohrholmlafette konnte bespannt mit Deichsel oder in sieben Teillasten zerlegt transportiert werden (Gewicht in der Feuerstellung 630 kg). Der Höhenrichtbereich betrug –11° bis +28° (bei kurzem Holm +38°). Die max. Schussweite mit einer 6,5-kg-Spr.-Gr. betrug 6900 m (später 7600 m).

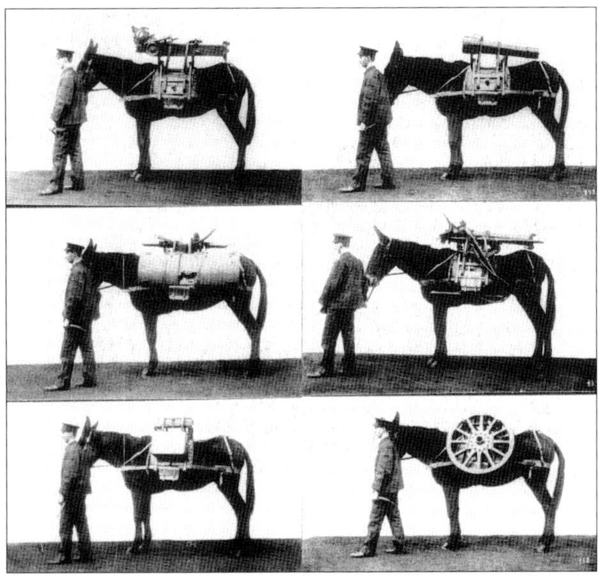

Transport der Teillasten einer 7,5-cm GebK auf Mulis.
Foto: Archiv Rheinmetall

Russische 3-Zoll-Gebirgskanone obr. 1909

Die 76-mm-GebK mit zerlegbarem Rohr geht auf eine Konstruktion des griechischen Oberst Danglis zurück, die er bereits 1893 dem griechischen Kriegsministerium vorlegte. 1905 übernahm die französische Firma Schneider die Entwürfe und fertigte im Mai 1906 ein erstes Versuchsgeschütz mit Kaliber 75 mm. Für russischen Bedarf führte man 1908 ein Vergleichsschießen mit der Schneider-GebK und einer SKODA-GebK durch. Russland entschied sich für das Schneider-Modell, erwarb die Lizenz zum Nachbau und erteilte im April 1909 an das Putilov-Werk den Auftrag zum Bau von 214 Rohrwaffen und 238 Lafetten. Bereits im April 1909 erfolgte die Werkserprobung des ersten Geschützes. Das L/16-Rohr wurde mit einem Kaliber von 76,2 mm ausgeführt. Die gekröpften Radachsen konnten für Tief- und Hochstellung verstellt werden. Bei Hochstellung betrug die max. Elevation +22° (später +28°). Das Gewicht in Feuerstellung betrug 626 kg. Das Geschütz konnte in 6 Teillasten zerlegt werden. Die max. Schussweite mit einer 6,5-kg-Spr.-Gr. betrug 7500 m (mit verbesserter Munition auf 8470 m gesteigert). Mit den Geschützen wurden Schützenregimenter ausgestattet, die in Gebirgsregionen des europäischen Teils Russlands, im Kaukasus und im Mittleren Osten stationiert waren. Bei Beginn des 1. WK waren 408 Geschütze obr. 1909 im Bestand. Auch unter sowjetischer Regie wurden diese Geschütze im Werk Nr. 8 – Petrograder Geschützwerk – mit jährlich 20 Exemplaren (Durchschnitt) weiter gebaut. 1938/39 folgte nochmals eine größere Serie mit 555 Geschützen. Am 22. Juni 1941 waren wieder 1121 Geschütze obr. 1909 im Bestand (Shirokorad).

Unten: Die 76-mm-GebK obr. 1909 im Artilleriemuseum in St. Petersburg.
Foto: Autor

Deutsche 7,5-cm-Gebirgskanone M. 1913

Diese 7,5-cm-GebK mit kurzem L/14-Rohr von Krupp war eine Entwicklung für einen Exportauftrag nach Chile. Bei Beginn des 1. WK kaufte man die bei Krupp noch vorhandenen Geschütze auf und ließ anschließend noch 69 Geschütze zur Verwendung bei deutschen und österreichisch-ungarischen Gebirgstruppen fertigen. Das Geschütz ließ sich für Muli-Transport ebenfalls in 6 Teillasten zerlegen. Als max. Schussweite wurden mit einer 5,3-kg-Spr.-Gr. 5400 m erreicht.

Österreichische 7,5-cm-Gebirgskanone M. 15

Die von SKODA bereits 1912/13 entwickelte 7,5-cm-GebK galt bei Fachleuten als eines der besten Gebirgsgeschütze ihrer Zeit. Die k. u. k. Gebirgstruppen erhielten 1914 schon kurz vor Kriegsbeginn die ersten Geschütze. Diese GebK konnte sowohl im Tandemzug mit drei Pferden wie auch zerlegt in 7 Teillasten auf Mulis transportiert werden (Gewicht in Fahrstellung 613 kg). Das Mantelrohr hatte eine Länge von 990 mm. Der Höhenrichtbereich betrug –10° bis +50° (je Seite 3,5°). Mit einer 6,35-kg-Spr.-Gr. wurde eine max. Schussweite von 6630 m erreicht (später 8250 m). Bis Kriegsende wurden fast 2000 Geschütze hergestellt. Nach dem Krieg erhielt Italien eine größere Anzahl dieser Geschütze. Einige verblieben beim österreichischen Heer. SKODA exportierte viele dieser Geb.-Kanonen nach Bulgarien, Rumänien und Jugoslawien. Auch im 2. WK waren viele der GebK noch im Einsatz. Auch durch die Deutsche Wehrmacht kamen übernommene bzw. erbeutete Geschütze bei den Gebirgsjägereinheiten zum Einsatz (7,5-cm-GebK 259 (i) und 258 (j)).

Oben: Die 7,5-cm-GebK M. 1913 in einer Sonderausstellung auf der deutschen Festung Königstein. *Foto: Autor*

Eine 7,5-cm-GebK M.15 im Memorial Park von Banska Bystrica, Slovenien. *Foto: Autor*

Diese 75-mm-GebK Mle 1919 von Schneider gehörte zur Ausrüstung der griechischen Gebirgsartillerie (War Museum Athen). *Foto: Autor*

Französische 75-mm-Gebirgskanone Mle 1919

Zur Ablösung der älteren 65-mm-GebK Mle 1906 forderten französische Offiziere der Gebirgsartillerie schon vor dem 1. WK die Entwicklung eines leistungsfähigeren Geschützes.

Obwohl die Entwicklung bei Schneider angelaufen war, konnten die ersten Geschütze erst 1919 ausgeliefert werden. Umso größer war allerdings der Exporterfolg. Gleich für mehrere Batterien gingen die »Canon de 75 M (montagne)« Mle 1919 an Brasilien, Chile, Spanien, Jugoslawien, Griechenland und Polen. Aufbauend auf Konstruktionselemente der Vorkriegszeit – hochklappbarer Teil der Kastenlafette, Absenken des Geschützes durch verstellbare Radachsen, Zerlegung in 7 Teillasten –, wies das Geschütz wesentlich bessere Schussleistungen als die 65-mm-GebK auf. Die max. Schussweite mit einer 6,33-kg-Spr.-Gr. betrug nunmehr 9025 m (65er 5500 m). Die Feuergeschwindigkeit war trotz getrennter Munition (4 Ladungen) zufrieden stellend. Im 2. WK von der Deutschen Wehrmacht in Frankreich, Jugoslawien, Griechenland und Polen erbeutete Geschütze wurden weiter genutzt.

Französische 105-mm-Gebirgskanone Mle 1919

Die von Schneider mit der Bezeichnung »Canon Court de 105 M« 1919 gefertigte Gebirgskanone kam für den Einsatz im 1. WK zu spät. Außer den Lieferungen für die französische Armee wurde sie nach dem Krieg auch nach Spanien, Jugoslawien, Griechenland und in mehrere südamerikanische Staaten exportiert. Die Waffe gab es mit und ohne Schutzschild. Das Geschütz ließ sich durch verstellbare Radachsen absenken. Die Kastenlafette konnte für bespannten Zug hochgeklappt werden. Für Muli-Transport ließ es sich in 8 Teillasten zerlegen. Mit einer 12-kg-Spr.-Gr. wurde eine Höchstschussweite von 7850 m/40° erreicht. Im 2. WK von der Deutschen Wehrmacht erbeutete Geschütze erhielten die Bezeichnung »10,5-cm le.GebH 322 (f)«.

Oben: Eine an Griechenland gelieferte 105-mm-GebK Mle 1919 im War Museum Athen.

Links: Rückansicht der Kanone. Beachte: links im Bild der Verstellmechanismus für die Radachse.

Fotos: Autor

Italienische 65-mm-Gebirgskanone M. 1913

Zur Neuausrüstung italienischer Gebirgstruppen (Alpini und Bersaglieri) mit modernen Rohrrücklaufgeschützen entwickelte das Arsenal in Turin eine leichte 65-mm-GebK L/17, deren erste Erprobung 1908 erfolgte. Größere Stückzahlen zur Aufstellung neuer Gebirgsbatterien konnten jedoch erst ab 1912/13 ausgeliefert werden. Das 556 kg schwere Geschütz ließ sich in fünf Teillasten für Mulitransport zerlegen. Für ständig langen Rohrrücklauf diente ein hydraulischer Bremszylinder mit integriertem Federvorholer. Der Höhenrichtbereich betrug –7,5° bis +20°. Verschossen wurden 4,22 kg-Spr.-Gr. auf einer max. Schussweite von 6500 m. Bei Beginn des 1. WK waren 46 neue Geb.-Batterien mit diesem Geschütz ausgerüstet. Weitere Geschütze kamen bei der Regimentsartillerie von Divisionen zum Einsatz, welche in Gebirgsregionen eingesetzt waren.

Eine 65-mm-GebK 65/17 in der Sammlung des Museo Storico Italiano della Guerra in Rovereto.
Foto: Autor

Österreichische 10-cm-Gebirgshaubitze M 1916

Das in der Wehrtechnischen Studiensammlung in Koblenz gezeigte Geschütz entspricht bis auf das Kaliber von 10,5cm der österreichischen 10-cm-GebH M.16. Die von SKODA auch für das Deutsche Reich und die Türkei gelieferte Haubitze erhielt das etwas vergrößerte Kaliber, um deutsche Munition der 10,5-cm-leFH verschießen zu können. Trotz Lafette mit Kastenholm hatte das Geschütz einen Höhenrichtbereich von –8° bis +70° (Seite rechts 3°, Seite links 2,5°). Das Rohr mit Querkeilverschluss hatte eine Länge von 1930 mm. Mit einer 16 kg schweren Spr.-Gr. wurde eine Höchstschussweite von 7750 m erzielt. Nach dem 1. WK übernahm Italien eine große Zahl der Geschütze, M.16. Sie wurden für Kraftzug mit Stahlscheibenrädern mit Hartgummibelag bestückt und sie erhielten die Bezeichnung »Obice da 100/17 modello 16«. Noch im 2. WK von der Deutschen Wehrmacht ab 1943 übernommene Geschütze gleichen Typs erhielten die Bezeichnung »10-cm-GebH 316(i)«.

Eine österreichische 10-cm-GebH M. 16 in der WTS in Koblenz.
Foto: Autor

IV. Ballon- und Flugabwehrkanonen

Preußische 3,6-cm-Ballonabwehrkanone 1870

Als im Deutsch-Französischen Krieg 1870 die Frage auftauchte, wie man aus dem belagerten Paris ausfahrende Ballons effektiv bekämpfen könnte, bot die Firma Krupp in kürzester Frist der preußischen Heeresführung eine 3,6-cm-Bak an. Die ersten fünf Geschütze wurden noch 1870 geliefert. Das Pivotgeschütz wurde auf einen Plattenwagen für bespannten Zug montiert.

Der Höhenrichtbereich betrug –3° bis +85° (Seite 360°). Der gezogene Lauf hatte einen Rundkeilverschluss. Gerichtet wurde mittels Schulterkolben und Körperhaltung.

Die 3,6-cm-Bak im Armeemuseum der DDR in Dresden (heute Militärhistorisches Museum der Bundeswehr).
Foto: Autor

Oben: Die 6,5-cm-Bak L/35 auf Geschützwagen 14 in Fahrstellung ...
Unten: ... und in Feuerstellung. *Fotos: Archiv Tamm*

Deutsche 6,5-cm-Ballonabwehrkanone L/35 auf Kraftwagen

Das noch als Ballonabwehrkanone (Bak) bezeichnete Geschütz von Erhardt entsprach bereits den Anforderungen an eine mobile Flak, auch zur Abwehr der sich schnell entwickelnden Jagd- und Bombenflugzeuge. Das 850 kg schwere Geschütz war auf einen so genannten »Geschützwagen 14«, System Erhardt, montiert (60 PS, Allradantrieb, Fahrstrecke 250 bis 300 km). Eine Besonderheit war die mechanische Stabilisierung des Geschützes mittels einer Gewichtssäule innerhalb des Pivots. Der Höhenrichtbereich betrug –5° bis +75°. Die max. Steighöhe mit einer 4,1-kg-Spr.-Gr. betrug 7900/75°. Als Höchstschussweite mit Spr.-Gr. (Aufschlagzünder) wurden 10000m/43° erreicht. Ab 1914 kam auf dem weiterentwickelten »Geschützwagen E-V/14« bereits eine 7,7-cm-Bak von Erhardt zum Einsatz.

Französische 75-mm-Behelfs-Flak Mle 1897/1915

In Ermangelung einer ausreichenden Anzahl von Flak-Geschützen wurden zu Beginn des 1. WK bei fast allen beteiligten Armeen Behelfs-Flak-Geschütze auf der Basis von geeigneten Feldkanonen hergestellt. In einigen Fällen hob man komplette Feldkanonen einschließlich Räder auf hölzerne Bockgestelle, um den nötigen Höhenrichtwinkel zu erreichen. In Frankreich wurde dafür eine 75-mm-FK Mle 1897 auf eine Stahlträgerkonstruktion gesetzt bzw. auch einfache Wandlafetten aus Stahlblech auf Betonsockel eingerichtet (ortsfeste Flak). Der Höhenrichtbereich betrug bei solcherart eingerichteten Geschützen +10° bis +70°.

Bei der »75er« erreichte man mit einer 6,25-kg-Spr.-Gr. eine Steighöhe von 6500 m. Die Feuergeschwindigkeit mit patronierter Munition betrug immerhin 12 bis 15 S/Min.

Eine französische 75-mm-Behelfs-Flak während der Erprobung.
Foto: Archiv Touzin

Französische 75-mm-Flak Mle 1913 auf Kraftwagen.

Neben der Erprobung verschiedener Behelfsgeschütze entwickelte das Konstruktionsbüro in Lyon unter Leitung von Oberstleutnant Sainte-Claire Deville einen Geschützwagen (auto-canon) auf der Basis eines Chassis von de Dion Bouton. Als Fla-Waffe wurde die bekannte 75er-Rohrwaffe Mle 1897 in der modernisierten Version Mle 1912 genutzt. Der Höhenrichtbereich betrug hier +12° bis +85°. Mit einer 7,2-kg-Spr.-Gr. wurde eine max. Steighöhe von 5500 m erreicht. Zur Stabilisierung in der Feuerstellung dienten 6 abklappbare Stützen (je Seite 2, hinten 2). Die Munition wurde auf einem gesonderten Muni-LKW mitgeführt. Als Feuergeschwindigkeit wurden auch hier 15 S/Min erreicht.

Russische 76-mm-Flak Lender obr. 1914/15

Das Projekt für eine 76,2-mm-Flak L/30,5 wurde 1913 von W.W. Tarnovski erarbeitet. Da die Hauptverwaltung für Artillerie zu diesem Zeitpunkt noch kein Interesse zeigte, legte Tarnovski seine Entwürfe dem Putilov-Werk vor. Hier überarbeitete der bekannte Konstrukteur F.F. Lender das Projekt und konstruierte die Flak in allen Details. Nach Ausbruch des 1. WK erhielt Putilov den Auftrag zur Herstellung solcher Geschütze, von denen 1915 die ersten 12 ausgeliefert wurden. Das Pivotgeschütz hatte anfänglich einen max. Höhenrichtwinkel von +65° (spätere Modelle +75°). Das Rohr mit einer Länge von 2307 mm wurde erstmalig mit einem halbautomatischen Keilverschluss ausgestattet. Mit einer 6,5-kg-Schrapnellgranate erreichte man eine max. Steighöhe von 4900m (später 5800 m).

Anfänglich erfolgte die Aufstellung auf einem Spezialwagen mit absenkbarer Plattform und ausschwenkbaren Stützholmen. Kurz darauf folgte auch eine Version für Automobilmontage auf einem 5-Tonnen-LKW. Das Modell obr. 1915 wurde unter sowjetischer Regie weiterproduziert. Am 22. Juni 1941 waren noch 539 Geschütze obr. 1915 im Bestand.

Eine 76,2-mm-Flak Lender obr. 1915 für Automobilmontage im Artilleriemuseum in St. Petersburg. *Foto: Autor*

Die 75-mm-»auto-canon« bei einer Vorführung 1914. *Foto: Archiv Touzin*

Eine 9-cm-Flak M.12 von SKODA im Militärmuseum von Budapest (Handräder und Verschluss fehlen). *Foto: Autor*

Österreichische 9-cm-Flak M.12

Die von SKODA entwickelte Flak war ein für die damalige Zeit leistungsfähiges Flugabwehrgeschütz. Im 1. WK wurde es das Standardgeschütz der Luftabwehr in der k.u.k. Armee Österreich-Ungarns. Das Pivotgeschütz hatte einen Höhenrichtbereich von –5° bis +85°. Das Gewicht in Feuerstellung betrug 6500 kg.

Mit einer 10,2-kg-Spr.-Gr. wurde eine max. Steighöhe von 6000 m erreicht (Vo = 775 m/s). Nach dem 1. WK wurde das Geschütz bei SKODA modernisiert und als vz. 19/20 für die tschechoslowakische Armee hergestellt. Exportlieferungen gingen auch an Jugoslawien, Rumänien, China und an die Sowjetunion.

Englische 13-pdr-9-cwt-Flak auf Geschützwagen 1916

Wie in anderen Ländern wurden auch in Großbritannien erste Flak-Geschütze durch Umbau vorhandener Feldkanonen geschaffen. Bei ersten Versionen im 1. WK wurden aus Frankreich zurückgezogene 13- und 18-pdr-FK genutzt und teilweise auf motorisierte Geschützwagen (LKW) gesetzt. Zur Leistungssteigerung wurden auch 18-pdr-Rohrwaffen (83,4 mm) zu 13-pdr-9-cwt umgebaut. Dieses Geschütz verschoss die 13-pdr-Granaten mit 18-pdr-Kartuschen. Diese 13-pdr-9-cwt (76 mm) erhielt eine genietete Pivotlafette. Als Geschützwagen wurde ein Tornycroft-LKW Typ »J« genutzt. Mit einer 5,85-kg-Schrapnellgranate wurde eine max. Steighöhe von 5790 m erreicht. Die ersten Serienmodelle wurden ab 1916 zugeführt. Auch nach dem 1. WK blieben diese Flak-Geschütze noch einige Zeit in Gebrauch.

Die im IWM in London ausgestellte 13-pdr-Flak war noch ab 10. Nov. 1918 in Frankreich im Einsatz. *Foto: Autor*

Deutsche 7,7-cm-Flak Erhardt 1917

Neben 7,62- und 8-cm-Flak-Geschützen von Krupp kam auch die 7,7-cm-Flak von der Rheinischen Metallwaren & Maschinenfabrik sowohl auf einem Geschützwagen (mot.) wie auch auf einem bespannten Plattenwagen zum Einsatz. Das Geschütz mit Pivotlafette war mit Rücklaufbremse, Vorholer und Rohrausgleicher versehen. Die Rohrlänge betrug 2080 mm. Mit einer 6,85-kg-Spl.-Spr.-Gr. wurde eine Steighöhe von 4250 m erreicht (später 5800 m). Die Feuergeschwindigkeit betrug 15 S/Min.

Eine 7,7-cm-Flak Erhardt 1917 in der WTS des BWB in Koblenz. Foto: Autor

Eine deutsche 7,5-cm-Flak M. 1906 aus der Ausrüstung der italienischen Armee im 1. WK. Museo Storico Italiano della Guerra Rovereto. Foto: Autor

Deutsche 7,5-cm-Flak Krupp M.1906

Bereits ab 1908 erwarb Italien neune 7,5-cm-Flak (Bak) von Krupp, die als »75 mm CK« auf italienischen Kraftwagen (autocannoni) wie auch in ortsfester Stationierung zum Einsatz kamen. Das L/30-Geschütz hatte einen Höhenrichtbereich von 0° bis +70° (Seite 360°). Mit einer 6,5-kg-Spr.-Gr. wurde bei einer Vo von 510 m/s eine max. Steighöhe von 6100 m erreicht. Am Ende des 1. WK 1918 verfügte die italienische Armee über 196 Flak-Batterien, darunter auch 7,5-cm-Geschütze von Erhardt sowie französische 102-mm- und 105-mm-Flak von Schneider.

Werksaufnahmen der 105-mm-Flak Mle 1918 zeigen das Geschütz in Fahr- und in Feuerstellung.

Fotos: Geschützbeschreibung Schneider

Französische 105-mm-Flak Mle 1918

Gegen Ende des 1. WK wurde bei Schneider et Cie. eine leistungsstarke 105-mm-Flak auf Kreuzlafette mit Fahrachse und Aufliegerprotze entwickelt. In der Feuerstellung wurde das Geschütz nach Entfernen der Fahrachse mittels vier Gewindespindeln abgesenkt.

Erstmalig wurde dieses Geschütz als Flak auch mit einem Schutzschild versehen. Als Gefechtsgewicht der abgeprotzten Waffe werden 2350 kg angegeben. Verschossen wurden 16,9 kg schwere Spr.-Gr. Als max. Schusshöhe sollen 12500 m erreicht worden sein.

Abkürzungen

AK	Armeekorps
AK	russ.: Artilleriskij komitet – Artillerie-Komitee
AOK	Armee Oberkommando
APK	Artillerieprüfungskommission
Bak	Ballonabwehrkanone
Brig.	Brigade
Div.	Division
FH	Feldhaubitze
FK	Feldkanone
GAP	russ.: Glavnyi Artilleriskij Poligon – Haupt-Artilleriepoligon (Schießplatz)
GAU	russ.: Glavnoe Artilleriskoe Upravlenie – Hauptverwaltung der Artillerie
GebH	Gebirgshaubitze
GebK	Gebirgskanone
GPF	franz.: Grand Puissance Filloux – Hochleistungsgeschütz von Filloux
HKB	Heeresküstenbatterie
leFH	Leichte Feldhaubitze
ML	Muzzle loader – Vorderlader
Mrs.	Mörser
obr.	russ.: obrasza – Muster
OHL	Oberste Heeresleitung
Pz.-Gr.	Panzergranate
RA	Royal Artillery
RBL	Rifled Breech loader – gezogener Hinterlader
Rgt.	Regiment
RHA	Royal Horse Artillery – Reitende Artillerie
RML	Rifled Muzzle loader – gezogener Vorderlader
S/Min	Schuss pro Minute
sFH	Schwere Feldhaubitze
SK	Schnellladekanone
SP	Schwarzpulver
Spr.-Gr.	Sprenggranate
Vo	V-Null, Anfangsgeschwindigkeit eines Geschosses.
VOC	Vereendigte Oostindische Compagnie
WK	Weltkrieg

Abkürzungen für Museen und Sammlungen

BWB	Bundesamt für Wehrtechnik und Beschaffung
CWM	Canadian War Museum Ottawa
DHM	Deutsches Historisches Museum Berlin
IWM	Imperial War Museum London
MHM	Militärhistorisches Museum der Bundeswehr Dresden
WTS	Wehrtechnische Studiensammlung Koblenz

Historische und fremdländische Maß- und Gewichtseinheiten

Historische Maßeinheiten aus der Geschichte der verschiedenen Völker und Nationen füllen heute allein für die Schiffbaugeschichte und das Artilleriewesen ein ganzes Buch. Einige traditionelle Maß- und Gewichtseinheiten haben sich trotz des 1960 eingeführten Internationalen Einheitensystems (SI) bis heute erhalten.
Für eigene Umrechnungen und Vergleiche wurden ausgewählte, für das Artilleriewesen relevante, historische und fremdländische Maßeinheiten nachfolgend zusammengestellt.

England/Großbritannien, 1884

1 inch	=	25,399	mm
1 foot = 12 inches	=	304,8	mm
1 yard = 3 feet	=	914,4	m
1 mile (Land)	=	1,609	km
1 mile (See)	=	1,851	km
1 grain	=	0,0647	g
1 dram (dr)	=	1,771	g
1 ounce (oz) = 16 drams	=	28,349	g
1 pound (lb) = 16 ounces	=	0,453	kg
1 quarter (qr) = 28 lbs	=	12,7	kg
1 hundred weight (cwt)	=	4 quarters = 50,8	kg
1 ton = 20 cwt	=	1016,04	kg

Frankreich um 1793

1 ligne	=	2,31	mm
1 pouce = 12 ligne	=	27,77	mm
1 pied = 12 pouces	=	333,33	mm
1 toise = 6 pieds	=	1,949	m
1 toise = 6 pieds	=	1,949	m
1 grain	=	0,0531	g
1 gros	=	3,82	g
1 once = 8 gros	=	30,59	g
1 marc = 8 onces	=	244,75	g
1 poids de marc	=	489,50	g
1 charge	=	146,85	kg
1 millier	=	489,50	kg

1812–1840

1 onces	=	31,25	g
1 quarteron = 4 onces	=	125	g
1 livre (Paris)	=	552	g
1 livre (Lyon)	=	380	g
1 livre usuelle	=	500	g

Italien 1850

1 piede	=	297,58	mm
1 passo = 5 piede	=	1,48	m
1 parto	=	83,02	m
1 palmo = 3 parti	=	249,07	m

Ältere Gewichtseinheiten

1 grano	=	49,16	mg
1 denaro = 24 granos	=	1,18	g
1 pound	=	326,29	g

Ab 1861 metrisches System

1 denaro	=	1,0	g
1 libra = 1000 denaros	=	1,0	kg

Holland/Niederlande

Rheinländisches System:

1 lijn	=	2,18	mm
1 duim = 12 lijn	=	26,16	mm
1 voet = 12 duim	=	313,94	mm
1 roede = 12 voet	=	3,76	m
1 pond	=	472,51	g

Metrisches System 1820–1870:

1 streep	=	1,0	mm
1 duim	=	10,0	mm
1 palen	=	100,0	mm
1 ell	=	1,0	m
1 roede	=	10,0	m
1 mijl	=	1,0	km
1 wigtijes	=	1,0	g
1 lood	=	10,0	g
1 ons	=	100,0	g
1 pond	=	1,0	kg

Norwegen

(Zeitweilig dänische oder schwedische Maßsysteme)

1 stroo	=	2,17	mm
1 duim = 12 stroo	=	26,15	mm
1 voet = 12 duim	=	313,8	mm
1 el = 2 voet	=	627,7	mm
1 vaam = 3 el	=	1883,1	mm

Älteres system:

1 fot	=	313,7	mm
1 favn = 6 fot	=	1,88	m
1 mil	=	11,29	km

1887:

1 Tomme (Zoll)	=	0,02615	m
1 Fod = 12 Zoll	=	0,313	m
1 quenten	=	3,89	g
1 loth = 4 quenten	=	15,56	g
1 ounce = 2 loth	=	31,13	g
1 pund	=	498,1	g
1 lispund = 16 pund	=	7,96	kg

Preußen 1816

1 Punkt	=	0,261	mm
1 Linie = 10 Punkte	=	2,61	mm
1 Zoll = 10 Linien	=	26,15	mm
1 Fuß = 12 Zoll	=	313,8	mm
1 Elle	=	666,8	mm
1 Schritt	=	752,9	mm
1 Ruthe = 12 Fuß	=	3,76	m
1 Quentchen	=	3,65	g
1 Loth = 4 Qt	=	14,61	g
1 Pfund = 32 Loth	=	467,7	g
1 Centner = 110 Pfd.	=	51,44	kg

Russland 1856

1 lijn	=	2,53	mm
1 djuim (Zoll)	=	25,39	mm
1 voet = 12 djuim	=	304,79	mm
1 archine	=	711,18	mm
1 sashen	=	2,13	m
1 verst = 500 sashen	=	1,066	km
1 solotnik	=	4,26	g
1 funt (Artillerie)	=	489,1	g
1 pud = 40 funt	=	16,35	kg
1 berkovetz = 10 pud	=	163,5	kg

Schweden, ab 1878

1 tum	=	29,68	mm
1 fot = 10 tums	=	296,8	mm
1 alen = 2 fots	=	593,67	mm
1 favn = 3 alen	=	1,78	m
1 ort	=	4,25	g
1 mark = 50 orts	=	212,6	g
1 skal pund = 100 orts	=	425,15	g
1 zentner	=	42,51	kg
1 skippund	=	170,0	kg

Spanien

1 pulgado	=	23,19	mm
1 palmo = 9 pulgados	=	208,75	mm
1 pie (Castilien)	=	278,3	mm
1 vara = 3 pies	=	832,3	mm
1 Cable= 110,8 Brazas	=	185,25	m
1 Milla = 10 Cables	=	1853,16	m
1 grano	=	0,149	g
1 adarma = 12 granos	=	1,79	g
1 ochava = 2 adarmas	=	3,59	g
1 unza	=	28,7	g
1 cuarterone	=	115,0	g
1 libra = 4 cuarterones	=	460,13	g
1 arroba = 25 libras	=	11,50	kg

Ab 1859 französische metrische Maße und Gewichte eingeführt.

USA

In den USA galten für das Artilleriewesen weitestgehend englische Maß- und Gewichtseinheiten.

Zusammenstellung mit freundlicher Genehmigung nach: Rudolf Roth. Linear measurments and weights. A compilation in alphabetical order of location. Published in the Quarterly Ordnance Society Newsletters (Auszüge).

Quellenverzeichnis

Barnes, L.C. — Canada's Guns. An Illustrated History of Artillery. Canadian War Museum, Ottawa, 1979

Batchelor, J., — Artillery.

Curami, A. Massignani, A. — L'Artiglieria Italiana. Nella Grande Guerra. Edition Gino Rossato, Venezia, 1998

Hogg, I. — Charles Scribner's Sons, New York, 1972

De Beer, C. — The Art of Gunfounding. Jean Boudriot Publication, Rotherfield, 1991

Egg, E., Jobé, J. u.a. — Kanonen. Illustrierte Geschichte der Artillerie. Verlag Manfred Pawlak, Herrsching, 1975

Fitzsimons, B. Hrsg. — Artillerie im I. Weltkrieg. Wilhelm Heyne Verlag München.

Fransson, S.A. — Bofors 350 år. Probus Förlag HB, Stockholm, 1996

Frantzen, O.F. — Dansk Landartilleri 1400–2000. Tøjhusmuseet Kopenhagen, 1997

Gabriel, F. — Der österreichische 30,5-cm-Mörser. In: Waffen-Revue Nr. 7/72. Archiv für Militär- und Waffenwesen Karl R. Pawlas, Nürnberg, 1972

Guddat, M. — Kanoniere, Bombardiere, Pontoniere. Die Artillerie Friedrich des Großen. Verlag E.S. Mittler & Sohn GmbH, Hamburg, 1992

Guddat, M. — Handbuch zur preußischen Militärgeschichte. Verlag E.S. Mittler & Sohn GmbH, Hamburg, Berlin, 2001

Hogg, I. — Artillerie des 20. Jahrhunderts. Gondrom Verlag GmbH, Bindlach, 2001

Hogg, I. — A History of Artillery. Hamlyn Publishing Group, London, 1974

Jäger, H. — Die deutschen Festungswaffen bis zum 1. Weltkrieg. Mitteilung 1/2001 der Gesellschaft für Artilleriekunde

Jäger, H. — German Artillery of World War One. The Crowood Press. 2001

Kaiser, F. N. — Das Ehrenbuch der Deutschen Schweren Artillerie. Verlag Tradition Wilhelm Kolk, Berlin, 1931

Kameke, H.F. — Sammlung von Zeichnungen die Einrichtung der materiellen Gegenstände der Preußischen Artillerie darstellend. Berlin, 1843

Korzen, A., Kühn, R. — Waffenlehre, Feldhaubitzen. Kommissionsverlag L.W. Seidel & Sohn, Wien, 1905

Kosar, F. — Gebirgsartillerie. Geschichte, Waffen, Organisation. Motorbuch Verlag Stuttgart, 1987

Kosar, F. — Die schweren Geschütze der Welt. Feldartillerie – Selbstfahrlafetten-Belagerungsgeschütze. Motorbuch Verlag Stuttgart, 2002

Lachmann, M. Springer, M. — Katalog: Militärtechnik und Gesellschaftsordnung. Das Geschützwesen im Kurfürstentum Sachsen.

Lombarés, de M. — Historie de l'Artillerie Francaise. Charles-Lavauzelle, Paris-Limoges, 1984

Lusar, R. — Riesengeschütze und schwere Brummer einst und jetzt. J.F. Lehmanns Verlag München, 1972

Müller, H. — Alte Geschütze. Kostbare Stücke aus der Sammlung des Museums für Deutsche Geschichte, Berlin, 1980

Müller, H. — Deutsche Bronzegeschützrohre 1400–1750. Deutscher Militärverlag Berlin, 1968

Müller, H. — Das Heereswesen in Brandenburg und Preußen von 1640 bis 1806. Die Bewaffnung. Brandenburgisches Verlagshaus, Berlin, 1991

Muther, A. — Das Gerät der leichten Artillerie, I. Teil Feldgeschütze. Verlagsdruckerei Bernhard & Graefe, Berlin, 1925

Neuschler, Seger — Wir von der Artillerie. Die Preußische Artillerie in Vergangenheit und Gegenwart. Verlagsanstalt Buntdruck G.m.b.H., Berlin, 1913

Nielsen, B. — Artillerie in Dänemark. Varde Artilleriemuseum, 2001 u.a.

Nissel, D. — Erforschung und Restaurierung einer mittelalterlichen Steinbüchse.
In: VISIR Nr. 10/89, Berlin, 1989

o. Autor — Treatise on military carriages and stores connected with them. Plates.
Printed for His Majesty's Stationery Office. London, 1902

o. Autor — Das Feuerwerkbuch von 1420. Neudruck des Erstdruckes aus dem Jahre 1529. Verlag der Deutschen Technik, München, 1941

Pataj, S. — Artyleria Ladowa 1871–1970.
Wydawnictwo Ministerstwa Obrony Narodowej, Warszawa, 1975

Rokosten, A. — Die heutige Feldartillerie. Ihr Material, technische Hilfsmittel, Schießverfahren, Organisation und Taktik.
Verlag R. Eisenschmidt, Berlin, 1909

Roth, R. — The Visser Collection. Arms of the Netherlands in the Collection of H. L. Visser.
Waanders Publishers, Zwolle, 1986.

Roth, R. — Field List. Zusammenstellung historischer und technischer Daten von Untersuchten und vermessenen Geschützen von 1420 bis 1870. Auszug.

Saint Remy, de S. — Memories d'Artillerie. Paris, 1763.

Schauwecker, F. — So war der Krieg.
Frundsberg Verlag G.m.b.H., Berlin, 1928

Schirmer, H. — Das Gerät der schweren Artillerie.

Shirokorad, A.B. — Enziklopedija Otetshestvennoi Artilleri.
KARVEST, Minsk, 2000.

Schmölzl, J. — Das System La Hitte für die gezogene Vier-Pfünder-Kanone der französischen Feldartillerie.
Literarisch-artistische Anstalt der I.G. Cotta'schen Buchhandlung,
München, 1860

Schröder und Meinarus — Archiv für die Artillerie- und Ingenieur-Offiziere des deutschen Reichsheeres.
Ernst Siegfried Mittler und Sohn, Berlin, 1886

Schütz,von, J. — Die Panzerlafetten auf den Schießplätzen des Grusonwerks bei Magdeburg-Buckau und Tangerhütte.
Buch- und Steindruckerei von Walter Ochs & Co.,
Magdeburg, 1889

Thomas, D.S. — Cannons – An Introduction to Civil War Artillery.
Thomas Publications Gettysburg, 1988

Werkschronik — 50 Jahre Rheinmetall Düsseldorf 1889–1939.
Rheinmetall-Borsig Aktiengesellschaft Düsseldorf, 1939

Wetzig, S. — Deutsche Artillerie 1866–1910. Geschütze und Fahrzeuge.
Waffenarsenal, Bd. 152.
Podzun-Pallas-Verlag, Wölfersheim-Berstadt, 1995

Wille, R. — Erhardt-Geschütze.
Verlag von R. Eisenschmidt, Berlin, 1908

Wirtgen, R. — Geschichte und Technik der automatischen Waffen in Deutschland.
Von den Anfängen bis 1871.
Verlag E.S. Mittler & Sohn GmbH, Herford und Bonn, 1987

Firmenschriften und Beschreibungen

6,5-cm-Ballonabwehrkanone L/35 in Mittelpivot-Wiegenlafette auf Kraftwagen »System Erhardt«. Rheinische Metallwaren und Maschinenfabrik Düsseldorf.

Die Grusonschen Schnellfeuer-Kanonen.
Grusonwerk Magdeburg-Buckau, 1888.

Mortier de 280 Schneider Mle 1914. Schneider & CIE .

Canon de 155 long Schneider Mle 1917. Schneider & CIE.

Obusier de Campagne de 105 m/m Type OC 105 No 6.

105 m/m »Schneider« Canon anti-aeronefs Mle 1918.

Geschirr eines Sechserzuges, links, der preußischen fahrenden Artillerie 1842

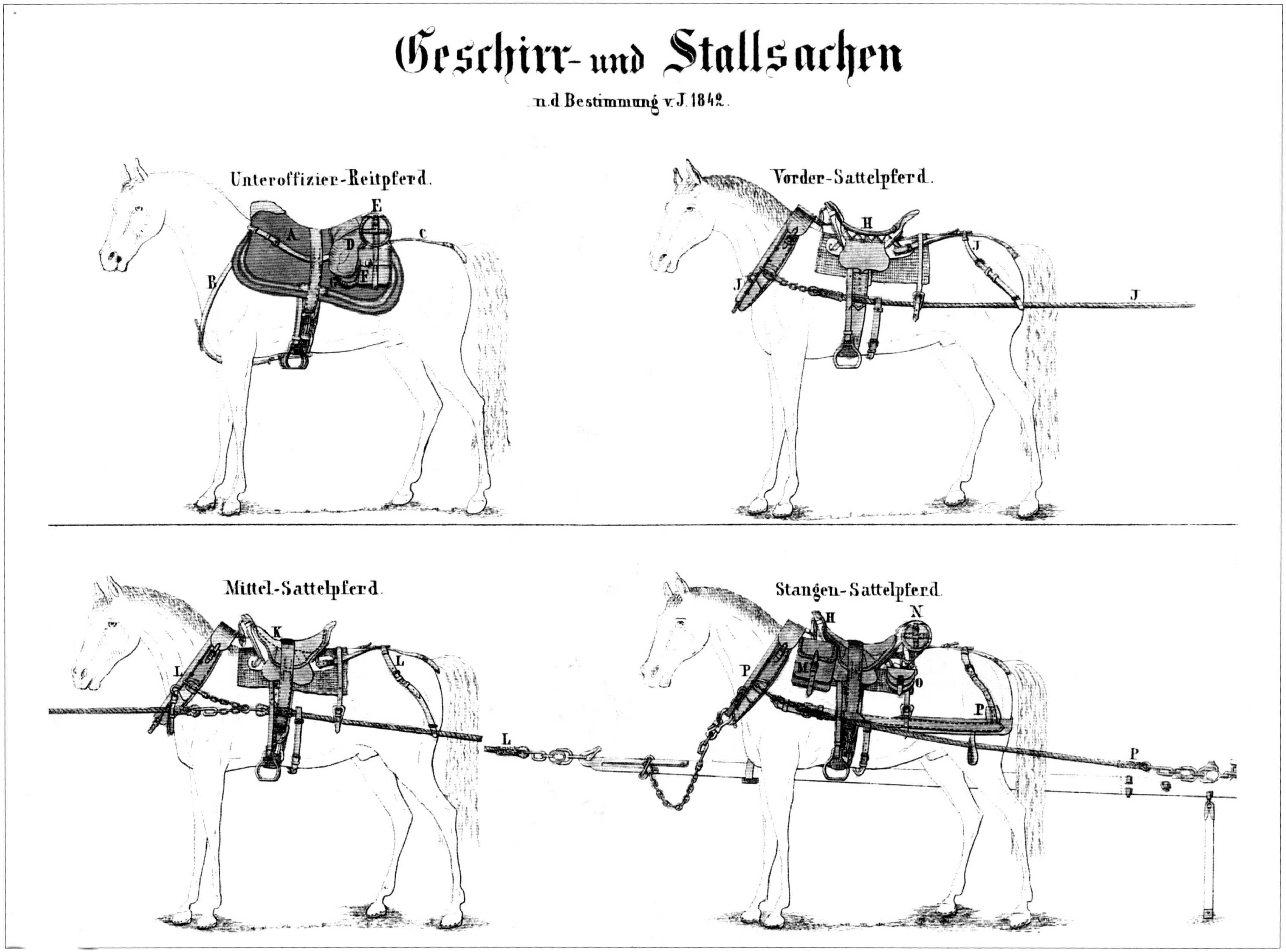